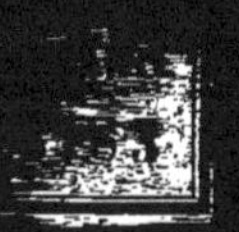

V

MINISTÈRE DE L'AGRICULTURE ET DU COMMERCE
(**Direction du commerce extérieur**).

MISSION COMMERCIALE DE CHINE.

EXPOSITION

DES ÉCHANTILLONS ET MODÈLES

RAPPORTÉS DE LA CHINE ET DE L'INDE,

PAR LES DÉLÉGUÉS COMMERCIAUX.

Du 21 juillet au 20 août,

LES MARDI, MERCREDI, JEUDI ET VENDREDI, DE 10 HEURES A 4.

Salles de l'École Supérieure de la ville de Paris, rue Neuve-Saint-Laurent, 17.

PARIS,
IMPRIMERIE ADMINISTRATIVE DE PAUL DUPONT,
Rue de Grenelle-Saint-Honoré, 55.

1846

SOMMAIRE.

NOTA.

Outre les objets qui figurent à l'Exposition, beaucoup d'autres échantillons et modèles, antérieurement envoyés au Ministère de l'agriculture et du commerce par l'Ambassade du Roi en Chine et par les Délégués commerciaux, durant le cours de la mission, ont été successivement transmis aux Chambres de commerce qu'ils concernaient spécialement. Il en sera de même pour la plus grande partie des objets dont va être donnée la nomenclature.

Tous ces articles accompagnaient les rapports spéciaux de l'Ambassade et des Délégués, dont le Département du Commerce a commencé et poursuit la publication dans les *Documens sur le commerce extérieur* (3e série des AVIS DIVERS).

I.

ARTICLES DE L'INDUSTRIE COTONNIÈRE.

Délégué, M. HAUSSMANN.

Nos d'ordre.

1.—Mouchoirs anglais (consommation de Manille). — 5 (1).

Prix : 10 fr. 85 c. à 13 fr. 55 c. la douzaine de mouchoirs de coton ordinaires, et 19 fr. les mouchoirs jaconas.

2.—Jupes anglaises (consommation de Manille). — 2.

Prix : 9 réaux = 6 fr. 30 c. la pièce.

3.—Couverture en coton de couleur, fabriquée à *Ilocos* (Luçon). — 1.

Prix : 10 fr. 85 c.

4.—Rouleau d'*abaca nipis* (consommation de Manille). — 1.

Prix : 2 réaux (2).

5.—Echantillons mélange *abaca* et *coton* (consommation de Manille). — 2.

Prix : La pièce rayée de 5 *varas* (3) coûte 2 réaux.

6.—Echantillons de *pina* (tissu d'ananas) (consommation de Manille). — 2.

Prix : L'échantillon 1re qualité a coûté 5 fr. 45 c.

7.—Demi-pièces mouchoirs de Madras (*corcas*) faisant 8 mouchoirs (consommation de Manille). — 2.

Prix : 8 mouchoirs, 2 piastres 1/2 (4) ou 13 fr. 55 c., soit 1 fr. 70 c. la pièce.

8.—Jupes de Madras (*sayas*) (consommation de Manille). — 2.

Prix : La jupe, 10 fr. 85 c.

9.—Échantillons de cotons en laine rouges et blancs d'*Ilocos*.

---

(1) Ce chiffre indique le nombre des échantillons ou pièces.
(2) Le réal = 0 fr. 68 c. environ.
(3) La *vara* = 0m 842.
(4) La piastre = 5 fr. 40 c. à 6 fr., selon le change.

Nos d'ordre.

10.—Jupes à carreaux rouges et jaunes (consommation de Manille). — 2.

Prix : la jupe, 8 fr. 20 c.

11.—Échantillons de *rayadillos* et de *tapiz* (Manille).

Prix : La pièce de 24 *varas* de rayadillos, 3 piastres 6 réaux.
La pièce de 30 *varas* de tapis foncé vaut 3 piastres 3/4.

12.—Pièces d'*abaca* (Manille). — 2.

Prix: L'abaca grossier (dit *Alvaragnaque*) coûte 25 piastres les 50 pièces de 8 *varas*.

13.—Echantillons d'articles anglais vendus à Manille.

14.—Calicot tissé avec du coton rouge de la province d'*Ilocos*.

15.—Echevettes de coton, filées à *Ilocos*.

16.—Echantillons de toiles à voiles en coton, fabriquées à Pondichéry.

17.—Cosses du cotonnier cultivé à Singapore.

18.—*Sarong*. — 2.

Prix : 5 fr. 45 c. la pièce.

19.—Echantillons de ginghans et d'indiennes jaunes et rouge-andrinople (consommation de Singapore).

Prix des ginghans: 1 fr. le mètre en rouge-andrinople, ou 29 fr. 85 c. les 28 yards(1) de long et 24 pouces de large.

20.—Paliacas. — 2.

Prix: 3 fr. 40 c. la pièce.

21.—Sarong à carreaux rouges. — 1.

Prix : 5 fr. 45 c.

22.—Mètre de *kaïn-oumour litas* (consommation de Singapore).—1.

Prix: 6 fr. 80 c. le mètre.

23.—Mouchoirs dits *barok* (consommation de Singapore).—26.

Prix : 5 fr. 45 c. la douzaine.

24.—*Kaïn-pandjang* (consommation de Singapore). — 2.

Prix : 43 fr. 45 c. la corge de 20 pièces.

25.—Mouchoirs *battek* fabriqués à Batavia. — 3.

Prix : 5 fr. 45 c. le mouchoir.

26.—Modèle de *sarong battek* fabriqué à Batavia. — 1.

27.—Echantillons d'indiennes de la consommation de Batavia.

28.—Echantillons de calicots cochinchinois écrus et bleus.

(1) La yard = 0m 912.

Nos d'ordre.

29.—Sachet à monnaie de Ning-po. — 1.

Prix : 1 fr. 35 c.

30.—Echantillons d'indiennes vendues à *Amoy*.

31.— id. de cotonnades chinoises rayées et à carreaux.—7.

32.—Bourse d'*Amoy*. — 1.

33.—Pièces de nankins écrus de *Chang-haï*. — 4.

Prix :	1re qualité,	les 8 yards	2 fr.	70 c.
	2e id.,	id.	2	45
	3e id.,	id.	2	05
	4e id.,	id.	1	90

34.—Pièces de nankins de couleur teints à *Sou-tchaou*. — 9.

Prix : 2 fr. 17 c. à 3 fr. 53 c. la pièce de 8 à 10 yards.

35.—Pièces de coton imprimées à *Ning-po*. — 10.

36.— id. de nankins écrus de *Canton*. — 4.

37.—Paquet de coton en laine de *Chusan*. — 1.

Prix : 1 fr. 25 c. le kilogramme.

38.—Paquet de coton de *Ning-po*. — 1.

Prix : 14 piastres le picul, de 60 kilogr. 45, ou 1 fr. 25 c. le kilogr.

39.—Paquet de fils de *ma* (dont est fabriqué le *grass-cloth*). — 1.

40.—Cosses du cotonnier de *Chusan*.

41.—Ceinture à monnaie. — 1.

42.—Mouchoirs à carreaux de la fabrication de *Chang-haï*.

43.—Indienne anglaise très estimée à *Chang-haï*. — 1.

Prix : 18 fr. 45 c. les 25 mètres 50.

44.—Carnet d'échantillons d'indiennes anglaises vendues à *Chang-haï*. — 1.

45.—Papier percé à jour et servant à produire des dessins de diverses couleurs sur tissus de coton (*Chang-haï*). — 1.

46.—Echantillons de *long-cloths* anglais. — 3.

47.—Couverture bleue et blanche en indienne chinoise de *Ting-haï*. — 1.

Prix : 8 fr. 15 c

48.—*Saraça* de Macao, voile dont s'enveloppent les femmes macaïstes. — 1.

Prix : 32 fr. 60 c.

49.—Moustiquaire de Canton. — 1.

Prix : 19 fr.

Nos d'ordre.

50.—Echantillons d'indiennes et de mouchoirs anglais de Canton.

51.—Planches à imprimer sur tissus de *Chang-haï.*

Prix : 15 à 18 fr. la pièce.

52.—Peignes de métier à tisser.

53.—Échantillons de substances tinctoriales chinoises.

54.—Tapis chinois.

Prix : 5 fr. 45 c.

55.—Échantillons de velours *coton* et *soie* de *Fa-tchan.* — 4.

56. Id. de *grass-cloth* ou *hia-pou* blanc, petites laises.—10.

Prix : 108 fr. 60 c. la pièce de 36m de long et 44c de large (1re qualité).
48 fr. 70 c. — (5e qualité).
21 fr. 70 c. — (9e qualité).

57.—Mouchoirs. — 6.

Prix : 4 fr. 10 c. la douzaine.

58.—Pantalons de coton écru pour homme et femme. — 2.

Prix : 1 fr. 35 c. la pièce.

59.—Vestes blanches pour homme. — 2.

Prix : 2 fr. 70 c. la pièce.

60.—Vestes bleues pour femme. — 2.

Prix : 4 fr. 90 c. la pièce.

61.—Vestes bleues pour homme. — 2.

Prix : 2 fr. 70 c. la pièce.

62.—Pantalons bleus pour homme et femme. — 2.

Prix : 2 fr. 70 c. la pièce.

63.—Gilets ou sous-vestes pour femme. — 2.

Prix : 4 fr. 10 c. la pièce.

64.—Blouses ou tuniques chinoises bleues. — 3.

Prix : 5 fr. 45 c. la pièce.

65.—Vestes écrues pour femme. — 2.

Prix : 5 fr. 10 c. la pièce.

66.—Paires de bas chinois. — 3.

Bas d'homme.

Prix : 5 fr. 45 c. la douzaine.

Bas de femme.

Prix : 4 fr. 10 c. la douzaine.

67.—Bas de femme.

Prix : 4 fr. 10 c. la douzaine.

Nos d'ordre.

68.—Bas d'homme.

Prix : 5 fr. 45 c. la douzaine.

69.—Mouchoirs. — 36.

Prix : 2 fr. 75 c. la douzaine.

70.—Mouchoirs anglais. — 11.

71.—Serviettes de coton chinoises.

Prix : 1 fr. 10 c. le tout.

72.—Coton en laine de *Coïmbatam*.

73.—Tissus de coton chinois rouges et roses.

Prix : 21 fr. 75 c., la pièce rouge foncé de 36 mètres.
La teinture revient à 10 fr. 80 c.
La pièce rose de 27 mètres vaut 5 fr. 45 c.

74.—*Hia-pou* ou grass-cloth, écru.

75.—Tissu d'ananas acheté à Canton.

Prix : 21 fr. 72 c. la pièce de 36 mètres, 1re qualité.

76.—*Louk-tchao*, soie et coton.

Prix : 32 fr. 58 c. la pièce de 36 mètres.

77.—Coton en laine du Kwang-tong.

Prix : 12 à 14 piastres le *picul* de 60 kilogr. 45.

78.—Coton en laine d'Ouen-nam.

79.—*Hia-pou* ou grass-cloth, grande laize.

Prix :	No			fr.	c.
	1	de 18 mèt. de long		144	»
	2	id.		81	45
	3	id.		59	75
	4	id.		43	15

80.—Mouchoirs à figures diverses imprimés à Canton. — 2.

Prix : 1 fr. 35 c. la pièce.

81.—Pièces de nankin.— 2.

Prix : 2 fr. 75 c. la pièce.

82.—*Mang-choung-ia*, tissu rouge-andrinople à bordures rayées, jaunes, servant à garnir les lits des Chinois.

Prix : 10 à 15 fr. la pièce en 1844.

83.—Coton en laine et en bobine.

84.—Nankin écru et teint.

85.—Tissu coton et soie.

86.—Palampours, couvertures chinoises.— 3.

Prix : 4 fr. 10 c. la pièce.

87.—Échantillons d'indiennes-meubles anglaises.

Nos d'ordre.

88.—Petits mouchoirs chinois. — 4.

89.—Coupes d'indiennes anglaises.—4.
Prix : 3 piastres à 3 piastres 1/2 la pièce de 28 yards.

90.—Coton filé en Chine.

91.— Id. du Kwang-tong.

92.—Bas pour jeunes Chinois.

93.—Indiennes anglaises de consommation chinoise.

94.—Mouchoirs anglais de consommation chinoise.— 16.

95.—Echantillons de *grass-cloth* ou *hia-pou*, écru commun le plus grossier, de 18 mètres de long.
Prix : 4 fr. 10 c.

96.—Tissu coton et soie mélangés.
Prix : 20 fr. 33 c. la pièce de 14 mètres 50 c.

97.—Coton de *Tinivelly*.

98.—Echantillons de calicot.
Prix : 16 à 17 fr. la pièce de 36 à 38 mètres.

99.—Couverture chinoise ouatée et à mailles.
Prix : 8 fr. 15 c.

100.—Demi-pièce calicot rose, teint en Chine. — 1.
Prix : 10 fr. 05 c. en 1844.

101.—Pièce calicot bleu, teint en Chine.—1.
Prix : 19 fr. à Canton en 1844.

102.—Pièce calicot bleu foncé, teint en Chine.—1.
Prix : 19 fr. à Canton en 1844.

103.—Pièce bleue, teinte en Chine.—1.
Prix : 19 fr.

104.—Pièce bleu-clair, teinte en Chine.—1.
Prix : 19 fr.

105.—Pièce croisée en brun.—1/2.
Prix : 9 fr. 50 c.

106.—Pièce bleue, teinte en Chine.—1.
Prix : 9 fr. 50 c.

107.—Pièce pourpre, teinte en Chine.—1.
Prix : 9 fr. 50 c.

108.—Pièce bleue, teinte en Chine.—1.
Prix : 9 fr. 50 c.

Nos d'ordre.

109.—Balle de coton en laine, jaune, de Chang-haï.

Prix : 35 fr.

110.—Balle de coton en laine, blanc, de Chang-haï.

Prix : 35 fr.

111.—Fils de *ma*, de Chang-haï.

111 *bis*.—Echantillons divers, savoir :

1° Indiennes et mouchoirs anglais pour Chang-haï ;
2° Mouchoirs anglais pour Nïng-po ;
3° Rayadillos de Manille ;
4° Indiennes de Chang-haï ;
5° Indiennes et mouchoirs chinois de Sou-tchou ;
6° Deux sarong batek d'Anijer (Java) ;
7° Un échantillon de pina ou de tissus d'ananas ;
8° Rose pour robe de Manille ;
9° Modèles de bâtonnés de Manille ;
10° Echantillons de calicots anglais écrus et blancs ;
11° Pina ou tissu d'ananas à broderies, de Manille ;
12° Mouchoir anglais vendu à Gorée.

112.— (1) Collection des diverses qualités de cotonnades fabriquées aux environs de Canton, et teintes en diverses couleurs.

112 *bis*.—Etoffes de coton blanches et teintes en bleu et rouge, fabriquées à Touranne (Cochinchine).

112 *ter*.—Echantillons de *nankins*, achetés à Chang-haï.

113.—Echantillons de tissus de coton anglais et chinois, imprimés à plusieurs couleurs à la planche fixe, achetés à Nïng-po et à Chang-haï.

113 *bis*.—Tissu de coton teint avec le gambier (*su-long-pou*) (Canton).

113 *ter*.—Mouchoirs divers à l'usage des femmes du peuple (Canton).

114.—Tissus de coton imprimés à Ting-haï par réserve.

114 *bis*.—Planche à imprimer les tissus de coton, achetée à Chang-haï.

115.—Petit matelas de coton cardé, du poids de 3 catties 1/2.

---

(1) Cette série d'articles, qui forme le complément de la collection d'échantillons spéciaux à l'industrie cotonnière (délégué M. Haussmann), a été rapportée par M. N. Rondot.

Nos d'ordre.

115 *bis*.—*Châm* en coton cardé, matelassé, pour doublure de vêtement.

Prix d'achat à Nîng-po : 9 maces.

115 *ter*.—Coton en laine, nappe, rubans, ploques, fils simples et retors de coton, achetés à Nîng-po.

116.—Chintz en coton tissé et imprimé à Tchang-tchou (*Fô-kièn*), acheté à Amoy.

116 *bis*.—Coyote, nankin de la province Ilocos, à Luçon.

116 *ter*.—Sarong et mouchoirs imprimés par réserve à la cire (procédé dit *Batik*) à Buitenzorg et à Batavia (Java).

117.—Flanelle de coton fabriquée à Nangasaki (Japon), achetée à Batavia.

118.—Echantillons de velours de coton anglais de couleurs diverses, achetés à Canton.

119.—Echantillons de calicots et croisés anglais et américains, achetés à Canton et à Amoy.

119 *bis*.—Pièce de *long-cloth* anglais, blanchi, longue de 40 yards, large de 90 cent. pleins, portant 13 fils de chaîne et 13 duites aux 5 millim.

Achetée en octobre 1845 à Nîng-po 2 piastres et 1 roupie (environ 13 fr. 40 c.). Elle est arrivée à Nîng-po après avoir transité par Chang-haï.

119 *ter*.—Echantillons de tissus de coton divers.

120.—Couvertures dites *palempores*, en chintz coton anglais et hollandais.

Ces échantillons intéressent l'industrie lainière, en ce qu'ils ont été choisis dans le but d'indiquer le genre de dispositions convenables pour les palempores en laine.

II.

ARTICLES DE L'INDUSTRIE LAINIÈRE.

***Délégué*, M. N. RONDOT.**

PREMIÈRE PARTIE.

Lainages de fabrication européenne importés et vendus en Chine.

DRAPS LÉGERS ALLEMANDS, ANGLAIS ET HOLLANDAIS.

(SPANISH STRIPES, HABIT ET LADIES CLOTHS, ET MEDIUM CLOTHS.)

(*Longueur de la pièce : 19 à 21 yards. Largeur entre lisières : 1 mèt.* 58.)

1° IMPORTÉS ET ACHETÉS A CANTON, ET POUR LA PLUPART SPÉCIAUX A LA CONSOMMATION DES PROVINCES MÉRIDIONALES.

Ces Echantillons offrent les 3 qualités ordinaires de spanish stripes ; le prix de la qualité courante est en moyenne, à Canton, de 1 piastre à 1 piastre 30 cents la yard. Au 25 décembre 1845, elle se soldait, en parties assorties, à 1 piastre 25 cents la yard.

On a pensé ne pas devoir indiquer à chaque Echantillon le prix d'achat, parce qu'il est naturellement de beaucoup au-dessus du cours ; ce n'est qu'à la condition d'un fort bénéfice que les marchands et négocians chinois ont pu se décider à lever 1 ou 2 yards sur les pièces qu'ils vendent presque toujours entières.

Nos d'ordre.

121.—Spanish stripe de couleur jaune, laize entre lisières, 1 mèt. 54.

Prix d'achat : 1 piastre 70 cents la yard.

122.—Spanish stripe de couleur grenat-brun, laize entre lisières, 1 mèt. 52.

Prix d'achat : 1 piastre 30 cents la yard.

Nos d'ordre.

123.—Spanish stripe de couleur écarlate, laize entre lisières, 1 mèt. 51.
Prix d'achat : 1 piastre 40 cents la yard.

124.—Spanish stripe de couleur vert émeraude, laize entre lisières, 1 mèt. 53.
Prix d'achat : 1 piastre 80 cents la yard.

125.—Spanish stripe de couleur bleu foncé, laize entre lisières, 1 mèt. 53.
Prix d'achat : 1 piastre 60 cents la yard.

126.—Spanish stripe de couleur lilas foncé, laize entre lisières, 1 mèt. 45.

127.—Spanish stripe de couleur bleu clair.
Prix d'achat : 1 piastre 80 cents la yard.

128.—Spanish stripe de couleur gris foncé, laize entre lisières, 1 mèt. 48.
Prix d'achat : 1 piastre 10 cents la yard.

129.—Spanish stripe de couleur bleu foncé, laize entre lisières, 1 mèt. 38.
Prix d'achat : 1 piastre 10 cents la yard.

130.—Spanish stripe de couleur noire, laize entre lisières, 1 mèt. 54.

131.—Habit-cloth de couleur vert pomme, laize entre lisières, 1 mèt. 54.
Prix d'achat : 2 piastres la yard.

132.—Habit-cloth de couleur rose, laize entre lisières, 1 mèt. 58.
Prix d'achat : 2 piastres la yard.

133.—Spanish stripe de couleur cramoisie, laize entre lisières, 1 mèt. 47.
Prix d'achat : 1 piastre 80 cents la yard.

134.—Spanish stripe de couleur gris verdâtre, laize entre lisières, 1 mèt. 52.
Prix d'achat : 1 piastre 20 cents la yard.

135.—Spanish stripe hollandais de couleur bleu clair, laize entre lisières, 1 mèt. 39 à 1 mèt. 41, de la manufacture de *Van Lelyveld* de Leyde.
Prix : 90 cents la yard.

136.—Spanish stripe anglais de couleur violet pourpré, laize entre lisières, 1 mèt. 53.
Prix : 1 piastre 70 cents la yard.

137.—Spanish stripe anglais de couleur écarlate, laize entre lisières, 1 mèt. 48.

138.—Spanish stripe anglais de couleur violet pourpré.
Prix : 1 piastre 55 cents la yard.

Nos d'ordre.

139.—Spanish stripe anglais de couleur écarlate.

Prix : 1 piastre 20 cents la yard.

140.—Spanish stripe de couleur violet pourpré, laize entre lisières, 1 mèt. 55.

Prix : 1 piastre 70 cents la yard.

141.—Spanish stripe de couleur bleu clair vif, laize entre lisières, 1 mèt. 53.

Prix : 1 piastre 50 cents la yard.

142.—Spanish stripe de couleur bleu clair vif, laize entre lisières, 1 mèt. 52.

Prix : 1 piastre 80 cents la yard.

143.—Spanish stripe de couleur bleu violeté, laize entre lisières, 1 mèt. 38.

144.—Collection de petits échantillons de medium et de broad-cloth, pour renseigner sur les nuances préférées : gris, bleu foncé, bleu clair, noir, etc.

145.—Spanish stripe de couleur violet foncé, laize entre lisières, 1 mèt. 52.

146.—Spanish stripe de couleur bleu clair, laize entre lisières, 1 mèt. 61.

147.—Spanish stripe de couleur bleu clair plus vif, laize entre lisières, 1 mèt. 50.

148.—Spanish stripe de couleur violet pourpré, laize entre lisières, 1 mèt. 49.

149.—Spanish stripe de couleur bleu foncé, laize entre lisières, 1 mèt. 48.

149 *bis*.—Spanish stripe couleur bleu tchïn-lâm.

149 *ter*.— id. id. yong-lâm.

2° IMPORTÉS ET ACHETÉS A CHANG-HAÏ, ET POUR LA PLUPART SPÉCIAUX A LA CONSOMMATION DU KIANG-SOU ET DES PROVINCES SEPTENTRIONALES.

16,000 pièces peuvent s'importer chaque année à Chang-haï et le prix moyen que l'on peut espérer de la yard est de 1 piastre 15 cents à 1 piastre 30 cents pour la qualité courante, à la marque *B. Gott and sons*. On obtient parfois 1 piastre 40 cents et 1 piastre 50 cents des belles pièces. — En novembre 1845, le Délégué a vu traiter des parties de spanish stripes à raison de 1 piastre 10 cents la yard payable en argent, ou 1 piastre 20 cents payable en thé; — et des habit-cloths à 1 piastre 30 cents contre argent ou 1 piastre 45 cents contre du thé.

150.—Spanish stripe gris foncé, laize entre lisières, 1 mèt. 56.

Nos d'ordre.

151.—Spanish stripe	gris clair,	laize entre lisières,	1 mèt.	58.
152. —	vert foncé,	—	1	51.
153. —	brun,	—	1	54.
154. —	bleu foncé,	—	1	52.
155. —	pourpre foncé,	—	1	55.
156. —	bleu foncé,	—	1	54.
157. —	bleu clair,	—	1	53.
158. —	bleu très foncé,	—	1	55.
159. —	bleu clair,	—	1	58.

160. — d'assez bonne qualité pour la vente de Chang-haï.

Soldé à 24 piastres la pièce.

161.—Spanish stripe noir allemand, importé à Chang-haï sous toilette anglaise contrefaite.

Prix : 1 piastre 75 cents la yard.

162.—Spanish stripe de *Reiss frères*, de Leeds, ordinaire.

Prix : 28 piastres la pièce.

163.—Collection de cartes d'échantillons de *spanish stripes*, destinées à renseigner sur les qualités et les couleurs les plus estimées, données au Délégué par plusieurs des négocians chinois et anglais de Chang-haï.

3° IMPORTÉS ET ACHETÉS A AMOY, ET SPÉCIAUX A LA CONSOMMATION DU FO-KIÈN ET DE FORMOSE.

Le cours, en novembre 1845, était de 1 piastre 15 cents à 1 piastre 20 cents la yard, qualité conforme aux échantillons suivans ; paiement en piastres ou argent sycee (saïci).

164.—Spanish stripe	blanc,	laize entre lisières,	1 mèt.	52.
165. —	bleu pourpré,	—	1	48.
166. —	bleu clair,	—	1	50.
167. —	bleu gentiane,	—	1	55.
168. —	gris,	—	1	55.

4° IMPORTÉS APRÈS AVOIR TRANSITÉ PAR TCHOU-SAN ET ACHETÉS A NING-PO, ET POUR LA PLUPART SPÉCIAUX A LA CONSOMMATION DU TCHÉ-KIANG.

Les pièces de 18 à 20 yards se vendent 26 piastres environ.

Nos d'ordre.

169.—Spanish stripe, violet riche, laize entre lisières, 1 mèt. 55, jolie qualité, à la marque de *B. Gott and sons.*

170.—Spanish stripe vert, laize entre lisières, 1 mèt. 55, à la marque de *Jones Gibson and ord.*

171.—Spanish stripe bleu clair, laize entre lisières, 1 mèt. 57, à la marque de *J. et B. Pearse.*

172.—Spanish stripe noir, laize entre lisières, 1 mèt. 50.

173.—Habit-cloth bleu foncé, laize entre lisières, 1 mèt. 48.

174.—Ladies-cloth écarlate, laize entre lisières, 1 mèt. 53.

5° IMPORTÉS ET ACHETÉS A TÏNG-HAÏ (TCHOU-SAN), SE CONSOMMANT EN PARTIE DANS L'ILE ET LE TCHÉKIANG, ET S'EXPORTANT PAR LES CABOTEURS A FORMOSE ET A LA CÔTE ORIENTALE.

Le prix de cet article de consommation assez limitée est souvent déprécié par les ventes à l'encan ; il varie de 0 piastre 80 cents à 1 piastre 10 cents la yard, qualité ordinaire.

175.—Spanish stripe commun, violet pourpré, laize de 1 mèt. 48 entre lisières, au plomb de *A. and S. Henry et C°, Leeds.*

176.—Spanish stripe commun, bleu gentiane, laize de 1 mèt. 52 entre lisières, au plomb de *A. and S. Henry et C°, Leeds.*

Ces 2 échantillons se sont vendus 46 roupies la pièce de 25 yards (roupie de 2 fr. 38 c.).

177.—Spanish stripe très commun, confondu quelquefois avec les contrefaçons anglaises des *rayetas* d'Espagne, laize de 1 mèt. 18.

Prix exagéré : 1 roupie la yard.

178.—Spanish stripe, violet pourpré, laize entre lisières de 1 mèt. 53.

6° IMPORTÉS ET ACHETÉS A TCHANG-TCHOU (FO-KIÈN).

Les prix dépendent des couleurs. Ainsi, on paiera 40 piastres telle qualité en beau bleu foncé, dont on ne donnera que 28 piastres si elle est en noir.

179.—Petits échantillons de spanish stripes bleu foncé et bleu clair, noir, brun et écarlate.

Nos d'ordre.

180.—Collection de petits échantillons destinés à renseigner sur les qualités et les couleurs convenables pour spanish stripes, recueillis à Canton, Nïng-po, Chang-haï, Amoy et Tchou-sân.

DRAPS MI-FINS ET FINS ALLEMANDS, ANGLAIS ET FRANÇAIS.

BROAD-CLOTHS.

(*Longueur de la pièce : 20 yards. Largeur entre lisières : 1 mèt. 57 à 1 mèt. 59.*)

Le medium cloth, qualité intermédiaire entre l'habit-cloth et le broad-cloth vaut de 1 piastre 40 cents à 1 piastre 60 cents la yard.

Le broad-cloth se divise en deux qualités, l'une de 1 piastre 50 cents à 2 piastres; l'autre de 2 piastres 25 cents à 3 piastres 25 cents.

POUR LA CONSOMMATION DE CANTON.

181.—Drap anglais bleu foncé, laize entre lisières, 1 mèt. 55.

Prix d'achat : 3 piastres 20 c. la yard.

182.—Petit échantillon de drap anglais fin (*Gott and sons*).

Prix : de 4 piastres 50 cents à 5 piastres la yard.

183.—Petit échantillon de drap anglais fin (*Gott and sons*).

Acheté 2 piastres 80 cents par le marchand chinois et vendu par lui 3 piastres 50 cents la yard.

184.—Drap bleu foncé riche, laize entre lisières, 1 mèt. 56.

Prix d'achat : 2 piastres la yard.

185.—Collection de petits échantillons de broad-cloths convenables au marché de Canton.

Dans les prix de 1 piastre 35 cents à 2 piastres 10 cents la yard.

186.—Collections analogues spéciales aux marchés de Chang-haï et de Nïng-po.

DRAPS DIVERS.

QUALITÉS COMMUNES QUI SE VENDENT MAL A CANTON.

187.—Drap anglais de *William sons de Leeds*, noir anglais.

Prix: 1 piastre 20 cents la yard.

188.—Drap grossier gris de fer piqueté, à l'usage des pauvres gens, laize entre lisières, 1 mèt. 76.

Prix : 0 piastre 30 cents la yard.

DRAPS RUSSES

ÉCHANGÉS AU MARCHÉ DE KIAKHTA ET IMPORTÉS EN CHINE PAR LA FRONTIÈRE MONGOLE.

Noms chinois : *Ngo-lo-sze jong*, *Ngo-lo-sze ta-ni* et *to-lo-ni*.
Longueur des pièces entières, dites *double*, de 34 à 35 mètres.
Longueur des 1/2 pièces, dites *single*, de 17 à 18 mètres.
Largeur moyenne entre lisières, 1 mèt. 75, et, lisières comprises, 1 mèt. 85.

1. ACHETÉS A CANTON ET SE CONSOMMANT DANS CETTE VILLE ET DANS LA PROVINCE DE KWANG-TONG.

Ils coûtent au négociant cantonnais de 2 piastres à 2 piastres 20 cents la yard et se détaillent à raison de 2 piastres 40 cents à 2 piastres 50 cents.

Nos d'ordre.

189.—Drap noir-noir, laize entre lisières, 1 mèt. 72, de la fabrique d'*Alexandroff*.

190.—Drap écarlate, laize entre lisières, 1 mèt. 75, de la fabrique d'*Alexandroff*.

191.—Drap bleu foncé, laize entre lisières, 1 mèt. 76, de la fabrique d'*Alexandroff*.

192.—Drap bleu clair, laize entre lisières, 1 mèt. 76, de la fabrique d'*Alexandroff*.

193.—Drap vert, laize entre lisières, 1 mèt. 76, de la fabrique d'*Alexandroff*.

2. ACHETÉS A CHANG-HAÏ, ET PROVENANT DE LA VILLE DE SOU-TCHOU, QUI LES REÇOIT DIRECTEMENT DE PIH-KING.

On trouve chez les marchands de Chang-haï deux qualités de drap russe, l'une extra-fine rare à Canton, l'autre ordinaire et d'usage habituel. C'est ce qui explique les différences de prix des pièces : il en est qui s'achètent 31 piastres à Sou-tchou et d'autres y ont été payées 40 à 46 piastres la pièce de 20 yards.

Un des premiers négocians chinois nous a déclaré que l'on trouvait à traiter de ces draps russes à 26 piastres la pièce, 1 piastre 30 cents la yard.

194.—Drap vert, laize entre lisières, 1 mèt. 80.

195.—Drap bleu clair.

196.—Drap bleu foncé, laize entre lisières, 1 mèt. 74.

197.—Drap bleu foncé, laize entre lisières, 1 mèt. 72.

198.—Drap noir, laize entre lisières, 1 mèt. 75.

Prix : 2 piastres la yard.

Nos d'ordre.

199.—Drap bleu foncé, laize entre lisières, 1 mèt. 75.
Prix : 2 piastres 50 cents la yard.

200.—Drap bleu gentiane, laize entre lisières, 1 mèt. 70.
Prix : 2 piastres la yard.

201.—Drap vert, laize entre lisières, 1 mèt. 75.
Prix : 2 piastres, 9 maces, 10 cashs la yard.

202.—Drap bleu foncé, laize entre lisières, 1 mèt. 64.
Prix : 2 piastres 50 cents la yard.

3. ACHETÉS A AMOY (EMOY) ET SE CONSOMMANT DANS LE FO-KIÈN.

Il y en a très peu à Amoy ; il y a 6 ans, ils coûtaient jusqu'à 5 piastres 25 c. la yard; aujourd'hui ils valent 3 piastres environ et reviennent aux marchands chinois à un peu plus de 2 piastres.

203.—Drap bleu foncé, laize entre lisières, 1 mèt. 63.
Prix : 3 piastres la yard.

204.—Drap vert, laize entre lisières, 1 mèt. 76.
Prix : 2 piastres 50 cents la yard.

4. ACHETÉ A TCHANG-TCHOU (FO-KIÈN), ET SE CONSOMMANT DANS LE DÉPARTEMENT.

Le prix varie de 2 piastres 75 c. à 3 piastres la yard.

205.—Drap bleu ciel.
Prix : 3 piastres la yard.

5. ACHETÉS A NÏNG-PO, ET SE CONSOMMANT DANS CETTE VILLE ET LA PROVINCE DE TCHÉ-KIANG.

Le drap russe est connu à Nïng-po sous le nom de *Ha-la-ni ngo-lo-sze*, il s'y vend 30 piastres la pièce en toute saison.

206.— Drap bleu foncé, laize entre lisières, 1 mèt. 82, de la manufacture d'*Alexandroff*.

207.—Drap gris rosé, laize entre lisières, 88 cent., de la manufacture d'*Alexandroff*.

Il a été coupé par le milieu de la laize, et la lisière a été supprimée afin de pouvoir le vendre comme *siau-ni*, ou drap de petite laize.

208.—Drap noir, laize entre lisières, 1 mèt. 78, de la manufacture d'*Alexandroff*.

Nos d'ordre.

209.—Drap bleu clair, laize entre lisières, 1 mèt. 71, de la fabrique des *Babkine*.

210.—Petit échantillon de drap russe, dont la laize n'est que de 1 mèt. 57 entre lisières, et de 1 m. 63, lisières comprises. Il vient, comme les autres, de Sou-tchou, et se vend au même prix de 30 piastres la pièce de 20 yards.

6. ACHETÉS A TING-HAÏ ET DESTINÉS A LA CONSOMMATION LOCALE; IL S'EN EXPORTE BIEN PEU A FORMOSE. ILS PROVIENNENT DE NING-PO.

Ils y valent environ de 2 piastres 50 cents à 3 piastres la yard. Le prix y est élevé par suite du petit nombre de pièces qu'y appelle une demande très restreinte.

211.—Drap russe, bleu foncé peu estimé, laize entre lisières, 1 mèt. 64, de la fabrique de *Maïkoff*.

212.—Drap russe bleu foncé franc, de la fabrique de *Chapochnikoff*.

213.—Drap russe bleu foncé moins vif, de la fabrique de *Chapochnikoff*.

214.—Drap russe bleu foncé plein, de la fabrique des *Babkine*.

215.—Drap russe écarlate, de la manufacture de *Kordukoff*.

216.—Drap russe bleu foncé.

Prix : 6 roupies (1) la yard.

217.—Drap russe bleu foncé pourpré.

Prix : 6 roupies la yard.

218.—Drap russe écarlate.

Prix : 7 roupies la yard.

SERGES LAINE ANGLAISE PEIGNÉE (LONG-ELLS)

EN CHINOIS *PIH-KI*.

(*Les pièces ont 24 yards de longueur et de 30 à 31 pouces anglais de largeur.*)

La pièce se vend en moyenne :

A Canton, de 8 piastres 25 c. à 8 piastres 60 c. écarlate.
— 7 — 80 à 8 — couleurs assorties.

(1) La roupie = 2 fr. 38 c.

En 1843, le cours est tombé à 6 piastres 1/2 et a atteint, en 1844, juillet, 10 piastres à Chang-haï. En 1845, le prix moyen de toutes couleurs, écarlate compris, était de 8 piastres 1/2.

Les long-ells écarlates se soldent couramment à ce cours.

A Amoy, on écoule à 8 piastres l'assortiment, et à 8 piastres 1/2 les violets pourprés qui y sont en faveur.

A Nïng-po, prix variable; solde à 6 piastres, couleurs diverses, et 7 piastres 50 c. écarlate. — Cours nominal, 8 piastres et 8 piastres 25 c.

A Tchou-sân, on a acheté des *long-ells* à 7 piastres la pièce (octobre 1845) et à 16 roupies en écarlate (septembre 1845).

Nos d'ordre.

219.—Long-ell noir, laize entre lisières 80 centim., acheté à Canton.
220.— — violet, — 81 — —
221. — brun aventurine, — 79 — —
222. — vert émeraude, — 80 — —
223. — gris, — 78 — —
224. — écarlate, — 76 — —
225. — bleu clair, — 76 — —
226. — bleu foncé, — 80 — —
227. — jaune d'or, — 78 — —

228.—Ceinture ou turban en long-ell, formée de 2 bandes rapportées, chacune de 50 cent. de large et 1 mèt. 82 de long, plus 4 cent. de franges, achetée à Macao, 1 piastre 20 cents; à l'usage des Lascars.

229.—Long-ell écarlate, laize 79 cent., acheté à Nïng-po.
230. — bleu clair, acheté à Amoy.
231. — violet pourpré, —
232. — jaune, acheté à Nïng-po.
233. — vert émeraude, —
234. — bleu clair, —
235. — bleu foncé, —
236. — violet pourpré, —

237.—Collection de cartes d'échantillons de long-ells destinés à renseigner sur les meilleures couleurs des assortimens, recueillies à Canton, à Nïng-po, à Chang-haï et à Amoy.

238.—Collection de petits échantillons de long-ells destinés à renseigner sur les qualités convenables, obtenus à Canton et à Chang-haï.

SERGE EN LAINE PEIGNÉE.

Nos d'ordre.

239.—Serge anglaise, article que l'on a tenté sans succès d'introduire dans la consommation chinoise. A Ting-haï, où a été acheté l'échantillon, on n'en connaissait pas les noms anglais et chinois. Le lot restant en magasin était déprécié.

Les 1 mèt. 87 de l'échantillon en 92 cent. de laize ont été payés 1 roupie 1/4 (3 fr.).

BOMBAZETTES.

(*Article tantôt en laine pure, tantôt chaîne coton, trame laine; il est quelquefois désigné, à tort, sous le nom d'*imitation de camelot.)

ÉCHANTILLONS ACHETÉS A AMOY.

La pièce de 28 yards s'y vend 5 piastres 60 c., en écarlate, et 6 piastres 50 c. en vert et en jaune.

240.—Bombazette écarlate.
241. — verte.
242. — jaune.

Cet article ne convient pas à la consommation fokiénoise.

243.—Carnet d'échantillons de bombazettes, chaîne coton, trame laine, représentant les assortimens des parties présentées, en 1844, sur le marché de Chang-haï.

IMITATION DE CAMELOT.

Article en laine pure ou en laine et coton, dont le tissu se rapproche un peu du reps.

244.—Carnet d'échantillons de diverses couleurs.

LASTINGS.

Il y a trois qualités de lastings en vente à Canton :

La 1re, qui compte 11 croisures aux 5 millimètres, vaut 21 piastres la pièce de 30 yards.

La 2e, qui compte 9/10 croisures aux 5 millimètres, vaut 20 piastres la pièce de 30 yards.

La 3e, qui compte 9 croisures aux 5 millimètres vaut 19 piastres la pièce de 30 yards.

Le laize ordinaire est de 28 pouces anglais.

Nos d'ordre.

245.—Lasting bleu anglais, laize entre lisières 63 cent., acheté à Canton.

246.—Lasting bleu foncé, laize entre lisières 64 cent., acheté à Canton.

247.—Lasting gris verdacé, laize entre lisières 65 cent., acheté à Canton.

248.—Lasting mordoré, laize entre lisières 63 cent., acheté à Canton.

249. — noir, — 64 cent., —

250. — bleu clair, — 65 cent., —

251. — gris cendré rosé, laize entre lisières, 64, acheté à Canton.

252.—Lasting vert foncé, laize entre lisières 64 cent., acheté à Canton.

253.—Petits échantillons des trois qualités de lastings, achetés à Canton.

254.—Lasting bleu clair, acheté à Ning-po.

255.—Lasting violet pourpré, acheté à Chang-haï.

Cet article se vend à perte dans le Nord; on n'offrait, en novembre 1845, que 10 piastres de la pièce de 24 yards.

CAMELOTS ANGLAIS.

Longueur des pièces — 55 yards. Laize 31 pouces anglais.

Il y a 3 qualités qui se distinguent par les marques D (*double*), S (*single*) et SS (*second single*).

A Canton, le D se cote 23 piastres la pièce.
le S 21 id.
le SS 20 id.

256.—Camelot écarlate, laize 75 cent., acheté à Canton.

257.—Camelot violet pourpré, laize 76 cent., acheté à Canton.

258.—Camelot noir, laize 75 cent., acheté à Canton.

259.—Camelot jaune vif, laize 78 cent., acheté à Canton.

260.—Camelot bleu foncé, laize 75 cent., acheté à Canton.

261.—Camelot bleu clair, laize 78 cent., acheté à Canton.

262.—Camelot aventurine, laize 77 cent., acheté à Canton.

Nos d'ordre.

263.—Camelot gris (petit échantillon) acheté à Canton.

264.—Collection de petits échantillons de camelots anglais destinés à renseigner sur les meilleures nuances à introduire dans les assortimens, recueillis à Canton.

265.—Échantillon de camelot blanc, importé et vendu à Chang-haï 26 piastres la pièce, et employé pour garnir les chaussures.

266.—Camelot anglais écarlate, laize 80 cent., acheté à Amoy.

Le camelot est le principal article de l'importation des lainages à Amoy; le cours y est de 23 piastres (D), 22 piastres (S) et 21 piastres (SS) la pièce de 55 à 59 yards, laize de 80 centimètres.

267.—Collection de petits échantillons de camelots recueillis à Chang-haï et à Amoy.

COLLECTION DE PETITS ÉCHANTILLONS DESTINÉS A RENSEIGNER SUR LES COULEURS RECHERCHÉES.

268.—Camelot noir.

Prix: la pièce (D) 16 piastres, (S) 15 piastres, (SS) 14 piastres.

269.—Camelot bleu foncé.

Prix: la pièce (D) 27 piastres, (S) 24 piastres, (SS) 23 piastres.

270.—Camelot écarlate.

Prix: la pièce (D) 24 piastres, (S) 22 piastres, (SS) 21 piastres.

271.—Camelot violet pourpré.

Prix: la pièce (D) 27 piastres, (S) 24 piastres, (SS) 23 piastres.

272.—Camelot brun.

Prix: la pièce (D) 25 piastres, (S) 22 piastres, (SS) 21 piastres.

273.—Camelot bleu clair.

Prix: la pièce (D) 22 piastres, (S) 20 piastres, (SS) 19 piastres.

274.—Camelot jaune.

Prix: la pièce (D) 19 piastres, (S) 18 piastres, (SS) 17 piastres.

275.—Camelot vert.

Prix: la pièce (D) 27 piastres, (S) 25 piastres, (SS) 24 piastres.

CAMELOTS HOLLANDAIS

(POLEMIETEN).

(*Tantôt en laine pure, tantôt en chaîne soie, trame laine.*)

Longueur des pièces : 55 aunes de Hollande ou 40 yards.

Il y en a de 2 laizes; la grande est de 82 centimètres, la petite de 75.

A Canton...
- En bleu foncé et clair : la première vaut 38 piastres la pièce ; la seconde 34 piastres.
- En écarlate, gris, brun et noir : la première vaut 25 piastres la pièce ; la seconde 20 piastres.
- En jaune et vert : la première vaut 18 piastres la pièce ; la seconde 14 piastres.

Nos d'ordre.				
276.	— Polemieten	bleu foncé,	laize, entre lisières,	83 cent.
277.	—	bleu clair,	—	76
278.	—	—	—	82
279.	—	bleu clair,	—	76
280.	—	écarlate,	—	75
281.	—	brun foncé,	—	75
282.	—	noir,	—	74
283.	—	bleu foncé,	—	75.

284.—Petits échantillons de camelots hollandais (*contrefaçons anglaises*) importés et vendus à Chang-haï ; ils s'y placent de 30 à 31 piastres la pièce, tandis que les polemieten originaux se cotent à 33 piastres.

285.—Petits échantillons de camelots hollandais destinés à renseigner sur les couleurs et les qualités, recueillis à Canton, à Nïng-po et à Chang-haï.

286 à 288.—Camelots français en laine et poil, de la fabrique d'Amiens, exportés, il y a une trentaine d'années, en Chine, et n'y convenant nullement.

FLANELLES.

(*Longueur des pièces : 42 yards. — Laize : 27 pouces anglais.*)

Cet article se vend mal en Chine.

289.	—Flanelle lisse,	laize entre lisières,	76 cent.,	achetée à Canton.
290.	—	—	71	—
291.	— azurée,	—	68	—
292.	—	—	76	—

Prix : 0 piastre 30 cents la yard.

Nos d'ordre.

293.—Flanelle à poils écarlate, qui arrive à Tchou-sän avec étiquettes en général ainsi conçues : *Rayeta de Pelion de largo felpado, anchura* 8/4, *varas* 43. *Inglaterra.* Un lot s'est acheté à l'encan 38 roupies la pièce en écarlate.

294.—Petits échantillons de flanelles à poils et rases importées à Tchou-sän pour la consommation des Cipayes et des Lascars.

COUVERTURES DE LAINE HOLLANDAISES, ANGLAISES ET AMÉRICAINES

POUR LA CONSOMMATION DE CANTON.

295.	—Couverture anglaise,	bleu vif; longueur,	2 m.	50;	larg. 1 m.	98
296.	—	écarlate,	2	62	2	05
297.	—	rose,	2	70	1	92
298.	—	vert émeraude,	2	58	2	06
299.	—	blanche,				
300.	—Couverture hollandaise,	écarlate,	2	60	2	12

Le prix varie de 6 à 8 piastres la paire, d'après la qualité et le poids.

301.	—Couverture légère et commune blanche,		1 m.	74 sur	1 m.	22.
302.	—	—	1	76	1	22.

Elles arrivent en Chine comme enveloppes des draps fins.

ARTICLES DIVERS.

303.—Echantillons d'Orléans-cloth, d'alpacas unis et façonnés, de cachemirettes, etc., anglais, essayés sans succès à Chang-haï.

TOILETTES, ENVELOPPES ET EMBALLAGES

SOUS LESQUELS LES LAINAGES S'IMPORTENT EN CHINE.

1re série.

1° ACHETÉS A CANTON.

POUR DRAPS LÉGERS ET MI-FINS.

(*Spanish stripes, habit et ladies cloths, medium cloths.*)

304.—Trois toilettes en calicot noir lustré, avec décor à la tranche, bonnes marques, pour spanish stripes.

N° d'ordre.

305.—Deux toilettes en calicot rouge-brun lustré, avec décor à la tranche, bonnes marques, pour spanish stripes.

Ordinairement, les draps bleus, noirs, verts et bruns, s'enveloppent sous la toilette rouge, et ceux écarlates, jaunes, gris et violets sous la toilette noire.

306.—Deux toilettes en calicot noir lustré, avec grand décor sur la face supérieure, aux armes et marques de *B. Gott and sons* (les plus estimées), pour les belles qualités de spanish stripes.

307.—Toilette en calicot noir lustré, avec grand décor sur la face supérieure, aux armes et marques de *J. and T. William sons* de Cleckheaton, près Leeds, pour habit-cloth.

308.—Toilette en calicot noir lustré, avec grand décor sur la face supérieure, aux armes et marques de *Benjamin Gott and sons* de Leeds, pour medium-cloth.

POUR DRAPS FINS (BROAD-CLOTHS).

309.—Trois toilettes en calicot noir lustré, avec grand décor riche sur la face supérieure, aux armes et marques de *B. Gott and sons*, pour draps extra-fins.

2° ACHETÉS A AMOY.

POUR DRAPS LÉGERS (SPANISH STRIPES).

310.—Toilette en calicot noir lustré, avec décor à la tranche, *B. Gott and sons*.

POUR DRAPS FINS (BROAD-CLOTHS).

311.—Toilette en calicot noir lustré, avec grand décor riche sur la face supérieure, *Wrapper* peu connu sur la place de Canton. (On est assez indifférent à Amoy sur les marques des toilettes.)

3° ACHETÉS A CANTON, A AMOY, A NÏNG-PO ET A CHANG-HAÏ.

POUR DRAPS RUSSES.

312 à 315.—Toilettes en calicot blanc lustré, avec et sans étiquettes à vignettes.

2e série.

ACHETÉS A CANTON, A AMOY ET A CHANG-HAÏ.

POUR LONG-ELLS.

316.—Toilette en calicot noir lustré, avec l'ancien décor de la Compagnie des Indes sur la face supérieure (Canton).

Nos d'ordre.

317.—Même toilette (Amoy).

318. —Deux toilettes en calicot rouge-brun lustré, avec l'ancien décor de la Compagnie des Indes sur la face supérieure (Canton).

Ordinairement les long-ells noirs, bleus et verts s'enveloppent dans des *wrappers* rouges, et ceux violets, écarlates, bruns, gris et jaunes se mettent sous toilettes noires.

319.—Plombs dorés frappés à diverses marques pour long-ells.

3e série.

POUR CAMELOTS ANGLAIS.

320.—Toilette en calicot noir lustré, portant l'ancienne étiquette à vignette de la Compagnie des Indes.

321.—Toilette en lustrine rouge-brun, avec l'ancienne étiquette à vignette de la Compagnie.

Les camelots violets, bruns, écarlates, jaunes et gris s'empaquettent ordinairement sous les *wrappers* noirs, et les noirs et bleus foncé et clair sous ceux rouges.

322.—Deux toilettes en lustrine noire, avec décor à la tranche.

Nota. Les camelots de la maison W. et co., qui viennent sous les toilettes 320 et 321, se vendent mieux que tous les autres qui se présentent sous des enveloppes différentes. La supériorité de la qualité était autrefois le motif de cette faveur; aujourd'hui l'habitude la conserve à la toilette.

323.—*Musters* de trois qualités de camelots, D, S et SS, plombs des différentes fabriques, et planchettes garnies de papier placées au centre des pièces.

4e série.

POUR CAMELOTS HOLLANDAIS.

324.—Toilette en lustrine noire sans décor ni vignette et carton placé au centre de la pièce (Canton).

5e série.

POUR LASTINGS.

325.—Papiers d'enveloppe, bandelettes gaufrées, étiquettes, cordonnets, faveurs et planchettes pour le pliage et la toilette.

6e série.

POUR DIVERS.

Nos d'ordre.

326.—Toilette en lustrine noire pour drap commun.

327.—Etiquettes et toilettes diverses.

LAINES FILÉES.

LAINE PEIGNÉE FILÉE, CHAÎNE BON TORS.

328.—18 Echées de 60, 74 et 78 cent. de long, écrues.

329.— 3 — couleur de riz.

330.— 2 — grenat.

331.— 2 — noir-noir.

332.— 1 — grenat foncé.

333.—1/2 — gris américain.

334.— 2 — bleu très foncé.

335.—1/2 — bleu violeté.

336.— 1 — bleu foncé.

Ces fils sont hollandais; ils sont employés à Canton pour fabriquer des camelots brochés, chaîne soie, trame laine, destinés à faire des *ma-kwas*, des *tai-kwas* et des *pôs*, les trois vêtemens principaux du costume des classes aisées de Chine.

Ils ont été achetés de 140 à 150 piastres le picul, et se vendent 200 piastres. La emande en est nulle.

Cette laine filée arrive en grodes de quatre échées de deux peunes. L'échée est forte, en moyenne, de 780 tours de fils d'une longueur développée de 1 mètre 570.

DEUXIÈME PARTIE.

Etoffes de poil et de laine pure et mélangée de soie ou de coton, de fabrication chinoise et tartare, se consommant en Chine.

—

TAPIS.

Mao-tân peints, imprimés et façonnés, chaine coton, trame en fils de poils de chien, de vache, de chèvre et de domba.

MAO-TAN.

FABRIQUÉS A NÏNG-PO.

337.—Grand tapis peint et façonné, laize 1 mèt. 46 et longueur 2 mèt. 16. Il est à 7 couleurs, en poils de vache, de chien, de chèvre et de mouton, et connu sous le nom de *mao-tân* au singe (Nïng-po).

338.—Tapis façonné aux 5 oiseaux, en poil de vache; laize 1 mèt. 36, et longueur 1 mèt. 90 (Nïng-po).

339.—Tapis façonné à l'oiseau sacré, en poil de chien; laize 1 mèt. 35, et longueur 1 mèt. 82 (Nïng-po).

340.—Grand tapis de luxe façonné; laize 1 mèt. 44, et longueur 2 mèt. 10, en poils de vache et de chien (Nïng-po).

341.—Tapis *hou-von*, en poil de vache; laize 1 mèt. 17, et longueur 1 mèt. 45 (Nïng-po).

342.—Tapis en poils de chien, de vache et de chèvre, façonné et peint (Nïng-po).

343.—Tapis *ka-tchïn*, en poils de chien et de vache, façonné et peint; laize 1 mèt. 39, longueur 2 mèt.

Prix à Canton : 2 piastres.

Prix des Mao-tân de Nïng-po.

	Longueur.	Largeur.	Poids.	Prix.
	m. c.	m. c.	catties.	
N° 1........	2 02	1 45	6	3 piastres.
2........	—	1 35	5	1 1/2—
3........	1 55	1 26	3	1 —
4........	1 39	1 19	2	10 maces.
5........	1 37	1 06	1	8 —

FABRIQUÉS A SOU-TCHOU.

Nos d'ordre.

314.—Grand *mao-tân* à la cigogne, peint sur fond bleuté, en poil de chèvre ; laize 1 mèt. 52, longueur 4 mèt. 20.

Prix : 2 piastres 1/2 (Chang-haï).

345.—Mao-tân en poil de chèvre, peint sur fond orange ; laize 1 mèt. 34, longueur 1 mèt. 79.

Prix : 1 piastre 5 maces (Chang-haï).

346.—Mao-tân en poil de chèvre, peint sur fond cramoisi ; laize 1 mèt. 51, longueur 2 mèt. 07.

Prix : 1 piastre 10 maces (Chang-haï).

347.— Mao-tân en poils de chèvre, de chien et de vache, façonné, peint et imprimé, laize 1 mèt. 37 c., longueur 1 mèt. 90.

Prix : 1 piastre 6 maces (Chang-haï).

348.—Mao-tân en poil de chien peint ; laize 1 mèt. 36, longueur 1 mèt. 83.

Prix : 1 piastre 5 maces (Chang-haï).

349.—Mao-tân en poil de chèvre peint (Chang-haï).

350.—Mao-tân en poil de chèvre, peint et façonné, représentant des enfans jouant (Chang-haï).

351.—Mao-tân en poil de chèvre, teint, dragons et sujets chinois peints sur fond cramoisi ; laize 1 mèt. 50, longueur 2 mèt. 24.

Prix : 3 piastres (Canton).

352.—Mao-tân en poils de chèvre, de chien et de vache, fond couvert de fleurs, de fruits et de décors ; laize 1 mèt. 36, longueur 2 mèt.

Prix : 2 piastres (Canton).

353.—Mao-tân en poil de chèvre, sujets chinois, peints et imprimés sur fond bleuté ; laize 1 mèt. 50, longueur 2 mèt.

Prix : 1 piastre 1/2 (Canton).

354.—Mao-tân en poil de chèvre, sujets chinois peints et imprimés (Ting-haï).

FABRIQUÉ A HANG-TCHOU.

355.—Mao-tân en poils de chien et de vache, à 5 oiseaux façonnés ; laize 1 mèt. 32, longueur 1 mèt. 90.

Prix : 1 piastre 6 maces (Chang-haï).

MATIÈRES PREMIÈRES POUR LA FABRICATION DES MAO-TAN DE NING-PO.

356.—Coton filé pour la chaîne.

Nos d'ordre.

357.—Poils de chèvre (*Yang-ma*) bruts et filés.

358.—Poils de vache (*Nieu-ma*) bruts et filés.

359.—Poils de chien (*kieu-ma*) filés.

360.—Poils de *tchi-ma* (mouton domba) bruts et filés.

Ils coûtent 80 cashs le catty, bruts; et 1 mace 50 cashs, filés.

361.—Fils de poils de chèvre et de chien teints en gris, écarlate, violet, vert, brun et jaune.

362.—Substances colorantes, brosses et pinceaux pour la peinture des mao-tân.

On réitère ici l'observation que la plupart des ornements et sujets des tapis ras sont peints à la main et non imprimés. On n'imprime que quelques-unes des bordures et les fonds avec répétitions de dessins.

363.—Peigne-griffe en fer pour rabattre la trame, ciseau d'épeutissage, etc.

La fabrication des tapis, dits mao-tân, est la seule industrie lainière que l'on puisse rencontrer dans les provinces du littoral de la Chine depuis le Kiang-sou.

TAPIS HAUTE LAINE.

Leur fabrication est concentrée dans la région septentrionale de l'empire, c'est-à-dire dans les provinces du *Shèn-si*, du *Shân-si*, du *Shan-tong*, du *Tchih-li* et dans la Mantchourie.

364.—*Mô-nio*, tapis de 2 mèt. sur 1 mèt. 32.

Prix : 8 piastres, acheté à Chang-haï.

365.—*Sou-nio*, tapis de 1 mèt. 20 sur 60 cent.

Prix : 2 piastres, 5 maces, 20 cashs, acheté à Nïng-po, et fait dans le *King-hia-hièn*, *Tong-tchou-fou*, *Shèn-si*.

366.—*Kong-nio*, tapis de 1 mèt. 07 sur 63 cent.

Prix : 30 maces, acheté à Nïng-po, et fait dans le *Choun-tièn-fou*, province de *Tchih-li*.

Il est très-difficile d'être fixé sur les vrais noms de ces tapis; à Nïng-po, les grands sont connus sous la dénomination de *kong-nio*, et les petits sous celle de *mô-nio*. A Chang-haï, on désigne ceux-ci comme *to-don-tè*, *mô-nion-tss'*, *sou-nio*, etc., et l'on accorde aux grands les noms de *mô-nio* et de *li-yong-tèn*. Le *Tong-tchou-fou* et le *Si-ngan-fou* sont les deux départements où cet article, chaîne soie, trame laine, velouté-moquette, se fabrique en grande quantité. Le plus grand tapis que le Délégué ait remarqué mesurait 3m25 sur 2m35, et était coté 45 piastres.

APPENDICE.

TAPIS EN COTON.

367.—Tapis *ta-li-tan*, fabriqué à *Nan-haé-hièn*, province de *Kwang-tong*; longueur 2 mèt. 18, largeur 1 mèt. 575.

Ce tapis ne se tisse pas en grande laize; il se compose de pièces rapportées, c'est-à-dire de bandes semblables rentrayées les unes avec les autres et plus ou moins nombreuses, suivant la largeur désirée.

L'échantillon a 6 bandes rentrayées, chacune porte 264 millimètres de large et comprend 2 rayures et 2 lisières-rayures.

Prix d'achat à Canton : de 0 piastre 75 cents à 1 piastre. —

Nos d'ordre.

368.—Tapis *haï-mïn*, fabriqué dans le *Kwang-tchou-fou*, province de *Kwang-tong* ; longueur 8 mèt. 80, largeur 40 cent.

Prix d'achat à Canton : 0 piastre 75 cents.

FEUTRES DE LAINE ET DE POIL.

TAPIS ET COUVERTURES.

Les tapis et couvertures en feutre servent à plusieurs usages, 1o pour couvrir les tables des marchands de soieries; 2o pour remplacer les nattes des lits durant l'hiver, et 3o pour recouvrir au lit. Ordinairement au bas de celles qui sont destinées à cette fin, on a disposé une poche large et profonde, appelée *tcha-tao*, dans laquelle on fourre les pieds.

Ces feutres se fabriquent, de même que les tapis haute laine, dans les départements de *Tong schou* et de *Si-ngan*, province de *Shèn si*, et dans le *Tchèn-tchou-fou*, province du *Ho-nân*.

Quant aux prix, ils ne sauraient être fixés avec une exactitude même approximative, et le Délégué doit faire observer ici que pour tous ces articles des industries chinoise, tartare et mongole, spéciaux à la consommation septentrionale, et achetés dans les provinces tempérées et même dans les plus méridionales de l'Empire, c'est-à-dire là où ils sont les plus rares et les moins usuels, le prix d'achat est sans proportion avec la valeur réelle ; entre Canton et Ning-po, pour les feutres, le délégué a trouvé une différence de 40 p. 0/0.

369.—Tapis de feutre teint en bleu foncé, de 1 mèt. 85 sur 1 mèt. 17 ;

Acheté à Canton 3 piastres.

370.—Tapis de feutre teint en rouge, de 1 mèt. 85 sur 1 mèt. 20 ;

Acheté à Canton 3 piastres.

371.—Couverture de feutre teint en couleur faon, appelé *yong-tân*, de 1 mèt. 77 sur 0 mèt. 94 ;

Achetée à Chang-haï 2 piastres.

Elle a été fabriquée dans le district de *Lo-yan*, département de *Tchèn-tchou*, province de *Ho-nân*.

CHAUSSES.

372.—*Tsi-ma*, chausses en feutre gris clair, laine cachemire, fabriquées à *Tchïng-hiang-hièn*, *Tong-tchou-fou*, *Shèn-si*.

Prix d'achat à Chang-haï : 15 maces la paire.

BONNETS ET COIFFURES.

Les bonnets de feutre (*mao-tchïn*), en général, sont portés par les Chinois des classes inférieures à Canton comme à Chang-haï ; cependant on en fabrique de très fins noirs et mi-noir, mi-blanc, dont se couvrent dans le Nord les bourgeois et les négocians.

Ils proviennent des provinces de *Tchih-li*, de *Shèn-si*, de *Chân-tong*, *etc.*

ACHETÉS A CANTON.

Nos d'ordre.	POIDS.			PRIX DU BONNET.		
	taëls.	maces.	candarïns.	taëls.	maces. d'argent.	candarïns.
373.—*Mau - tchïn*	5	2	2	0	3	4
374.— —	4	8	5	0	3	0
375.— —	4	9	6	0	1	1
376.— —	4	3	6	0	1	1
377.— —	4	5	5	0	0	8
378.— —	3	1	3	0	0	8
379.— —	4	0	0	0	0	5 1/2
380.— —	3	5	5	0	0	5
381.— —	2	5	1	0	0	4
382.—*Soï-mau*	3	0	9	0	2	2
383.—*Kwa-mau*	2	3	8	0	1	4
384.—*Pat-kwa-mau*	1	3	5	0	1	6
385. —	1	3	5	0	1	6

Ces bonnets viennent des provinces de *Hou-nân* et de *Shân-si*.

386.— *Mau-tchïn* noir, 1re qualité, pesant 5 taëls 4 maces, et se vendant en gros, à Canton, 3 maces d'argent.

387.—*Mau-tchïn* brun, 2e qualité, pesant 4 taëls 9 maces 2 candarïns, et se vendant en gros, à Canton, 2 maces 5 candarïns d'argent.

Tous deux viennent du *Tién-sén-fou*, province de *Tchih-li*.

ACHETÉS A CHANG-HAÏ, OU ILS S'APPELLENT TSEU-MAO-TI.

		Poids.	Prix.	
388.—*Tseu-mao-ti*	blanc,	5 taëls.	3 maces.	
389. —	brun,	19 —	18 —	
390. —	—	10 —	10 —	
91. —	—	13 —	8 —	9 cashs.

Nos d'ordre.		Poids.	Prix.	
392.—*Tseu-mao-ti* noir et blanc,		6 —	9 maces.	
393.	— noir,	7 —	5 —	80 cashs.
394.	— brun,	5 —	3 —	50 —

Ces bonnets viennent du *Tiao-tchou-fou* province de *Chân-tong*.

ACHETÉS A CANTON.

395.—*Sut-mau*, camail en feutre, haut de 61 cent. et profond de 40 cent., de couleur bleu foncé.

396.—*Sut-mau*, de couleur bleu ciel.

Ces coiffures sont portées à Canton par les coulies et les paysans durant les pluies et l'hiver.

YAN-YONGS, SI-YONGS ET MIN-YONGS.

PELUCHES DE LAINE.

C'est un article dont la consommation paraît être énorme dans le Nord, et il n'est pas de boutique à Chang-haï, à Nïng-po, et même à Tchang-tchou et à Amoy, qui n'en soit bien assortie.

Il s'en fait en trois couleurs différentes, en blanc, en gris foncé et en noir; les uns sont en laine pure, les autres en laine et coton, beaucoup en coton pur, enfin quelques-uns en soie et laine.

397.—*Si-yong* gris, soie et laine, du *Tong-tchou-fou*, *Shèn-si*, laize 23 cent., acheté à Nïng-po.

398.—*Yân-yong* noir (Nïng-po).

Echantillon de 34 cent. et laize de 44 cent.

Prix : 2 maces 40 cashs de cuivre.

399.—*Yân-yong* blanc (Nïng-po).

Echantillon de 355 millim. et laize de 425 millim.

Prix : 2 maces.

Ces *yân-yongs* sont fabriqués dans le *Kio-tchou-fou*, *Shèn-si*.

400.—*Mïn-yong* blanc en coton (Nïng-po).

Pièce de 5 mètres 08 cent. de long, large de 42 cent.

La pièce de 15 *chih* se vend 6 maces.

401.—*Mïn-yong* noir en coton (Nïng-po).

Echantillon de 16 cent. de long, large de 40 à 42 cent.

La pièce de 15 *chih* se vend 18 maces.

Ces *Mïn-yong* se fabriquent à *Hen-keu*, province de *Hou-kouang*.

402.—*Yân-yong* en laine, fabriqué à *Taïe-yuèn-Fou*, *Shèn-si*.

Echantillon de 89 cent., large de 42 cent.

Nos d'ordre.

403.—*Yăn-yong* noir en laine, laize de 43 cent.

Prix d'achat : 2 maces 80 cashs l'échantillon de 54 cent. La pièce de 28 *chih* se vend 80 maces.

404.—*Yăn-yong* noir en laine, laize de 40 cent.

Prix d'achat : 1 mace 80 cashs l'échantillon de 45 cent. La pièce de 28 *chih* se vend 43 maces.

On lit sur l'étiquette que la boutique du fabricant est dans le *Shèné-si*, dans le *Si-yèn-fou*, à *King-yang-sie*, dans la rue *Hang-tïng-kaie*, etc.

405.—*Yăn-yong* gris en laine (*koê-poun-yon*), laize de 34 cent.

La pièce de 18 *chih* se vend 2 piastres.

Fabriqué dans le *Tong-tchou-fou, Shèn-si*.

406.—*Mïn-yong* blanc en coton.

Fabriqué dans le *Hé-yang-fou*, province de *Hou-péh*.

La pièce de 35 *chih* se vend 1 piastre 1/2 à Nïng-po en 43 cent. de large.

407.—*Yăn-yong* laine blanc.

La pièce de 28 *chih*, laize 41 cent., se vend à Chang-haï, 3 piastres.

408.—*Yăn-yong* gris en laine.

La pièce de 18 *chih*, laize 345 millim., se vend à Chang-haï, 3 piastres.

409.—*Yăn-yong* noir en laine.

La pièce de 28 *chih*, laize de 38 cent., se vend à Chang-haï, 3 piastres 2 maces 60 cashs.

410.—*Yăn-yong* blanc en laine.

La pièce a été achetée à Amoy, 2 piastres.

SERGES ET MÉRINOS.

La collection du délégué est incomplète ; il y manque les qualités supérieures assez rares même à Chang-haï, car elles ne sont consommées que par les classes aisées. Cet article, doux et chaud, le plus souvent teint en un gris agréable aux Chinois, se vend surtout pour les vêtements amples des prêtres et des moines bouddhistes, pour les robes de femmes, les pôs des marchands, des enfants, etc.

Ces serges en laine cachemire ne se fabriquent guère que dans le Shèn-si ; elles sont mentionnées comme spéciales à cette province par le P. Duhalde.

411.—Mérinos gris clair.

La pièce, longue de 10 mèt. 95, large de 44 cent., se vend à Nïng-po 2 piastres 1/2 (4 croisures aux 5 millim.)

412.—Mérinos gris plus clair.

La pièce, longue de 9 mèt. 80, large de 40 cent., se vend à Nïng-po 1 piastre 1/2.

Ces 2 pièces viennent du *Shèn-si-fou* (*Shèn-si*).

413.—*Kou-jong* bleu foncé, large de 43 cent (4 croisures), fabriqué dans le *Tong-tchou-fou, Shèn-si*.

Prix de l'échantillon de 1 mètre 86 ; 12 maces (Nïng-po).

Nos d'ordre.

414.—*Lïn-tss'* gris cendré, large de 44 cent. (4 croisures et 13 fils, aux 5 millim.).

Prix de la pièce de 32 *chih*, 82 maces (Nïng-po).

415.—*Lïn-tss'* gris clair, large de 40 cent. (4 croisures et 11 fils).

Prix de la pièce de 32 *chih*, 2 piastres (Nïng-po).

Ces *Lïn-tss'* sont fabriqués dans le *Choun-tiên-fou, Tchih-li.*

416.—*Yang-jong* bleu clair, laize de 42 cent. (5 croisures et 13 fils).

Prix de la pièce de 28 *chih*, 48 maces (Nïng-po).

417.— *Lïn-tss'* bleu foncé, laize, 43 cent. (5 croisures et 14 fils).

Prix de la pièce de 80 *chih*, 96 maces (Nïng-po).

418 et 419.—Échantillons des mérinos en vente sur la place de *Chang-haï* :

1° *Houa-nion* (5 croisures) laine un peu rèche et dure, qualité légère, laize 40 cent.

La pièce longue de 27 à 28 *chih* de 345 millimètres environ, se vend 2 piastres en toutes couleurs. Article fabriqué et teint à Ta-li-yuen, Tong-tchou-fou, Shèn-si.

2° *Si-nion*, qualité plus fine, plus corsée, plus douce de laine, laize, 42 cent.

La pièce de 27 *chih* se vend 3 piastres.

3° *Kou-jong*, qualité extra-fine, très close et corsée, soyeuse de laine, laize 42 cent.

La pièce de 27 *chih* se vend 4 piastres.

420.—*Kou-jong* blanc, de 1re qualité, fabriqué dans le *Si-ngan-fou*, province de *Shèn-si*.

Laize 44 cent.	Cette 1re	qual. se vend à Canton	11 piastres la pièce de	27 mètres environ.		
Id.	La 2e	id.	id.	10	id.	id.
Id.	La 3e	id.	id.	9	id.	id.

La 1/2 pièce d'échantillon est longue de 13 mèt. 52, pèse 25 taëls 7 maces 4 candarins, et coûte 6 piastres 50 cents (6 croisures.)

421.—*Kou-jong* blanc, de 3e qualité, fabriqué dans le *Si-ngan-fou*.

Laize 445 millim. L'échantillon de 1 mèt. 88 a été acheté à Canton 1 piastre (5 croisures.)

422.—*Lin-tss'* violet, fabriqué dans le *Taï-yuèn-fou*, province de *Shèn-si*.

Laize 41 centimèt. La pièce de 68 *chih* se vend à Canton 2 piastres 80 cents.

L'échantillon long de 8 mèt. 15 a été acheté 1 piastre, Il pèse 21 taëls 5 maces 2 candarins (4 croisures.)

Nos d'ordre.

423.—*Lin-tss'* gris.

Laize 44 cent.

L'échantillon, long de 1 mèt., pesant 2 taëls 7 maces 4 candarins, a été acheté à Canton 0 piastre 15 cents (4/5 croisures et 13 fils.)

424.—*Lin-tss'* bleu.

Laize 42 cent.

L'échantillon, long de 1 mèt., pesant 2 taëls 2 maces 5 candarins, a été acheté à Canton 0 piastre 15 cents.

CAMELOTS LAINE ET SOIE, UNIS ET FAÇONNÉS,

FABRIQUÉS A CANTON.

La laine filée est de provenance hollandaise.

Ces camelots ne se font qu'en grenat, en bleu foncé, en gris et en bleu clair ; ce sont les couleurs habituelles des Taï-kwas et des Pôs, et c'est à la confection de ces vêtemens, à l'usage des dignitaires et des négocians chinois, qu'est employé cet article.

425.—Pièce de camelot broché (*fa-u-tün*) bleu vif clair, pour *Pô*.

Longueur, 7 mèt. 85. ; largeur, 0 m. 633 millim. Poids, 25 taëls 1 mace.

Prix de vente : 7 piastres.

426.—Pièce de même camelot broché, bleu foncé violacé, pour *Ma-kwa*.

Longueur, 2 mèt. 12 ; largeur, 0 m. 822 millim. Poids, 9 taëls 1 mace 3 candarins.

Prix de vente : 2 piastres 70 cents.

427.—Échantillon de camelot broché lilas clair, pour robes d'enfans et de femmes.

Prix d'achat : 2 piastres.

428 à 432.—Echantillons de camelots chinois unis et façonnés, de couleurs diverses.

433 à 434.—Echées de soie organsin bleu clair et bleu foncé pour chaîne. Le catty coûte 4 piastres.

435.—Peigne, bobinoir, navette, biaux, ciseau, pince, etc., employés dans la fabrication de ces camelots.

BONNETERIE DE LAINE ET DE COTON.

BAS DE LAINE.

(*Mao-mat en dialecte cantonnais.*)

436.—5 paires de *do-sia*, bas de laine, fabriqués dans la province de *Shèn-si*, à *Tong-tchou*.

Prix d'achat à Ning-po de la paire : 80 cashs de cuivre (33 centimes).

Nos d'ordre.

437.—Bas de laine fabriqués dans le *Kio-tchou-fou*, *Shèn-si*.

Prix de vente en gros à Nïng-po : 60 cashs la paire (25 centimes).

438.—Bas de laine (*mao-ma* ou *do-sia*), fabriqués dans le *Tchïng-kiang-fou*, *Shèn-si*, 1re qualité. longueur 34 cent.

Prix d'achat à Chang-haï : 4 maces les 2 paires (84 centimes la paire).

439.—Bas de laine communs de 37 centim. de longueur.

Prix d'achat à Chang-haï des 10 paires : 1 piastre (55 centimes la paire).

440.—5 paires de bas de laine communs de 38 centim. de longueur et pesant 3 taëls 7 candarïns la paire.

Prix d'achat à Canton : 7 candarïns la paire (60 centimes la paire).

BAS DE COTON.

(*Min-sa-mat en dialecte cantonnais.*)

441 à 446.—Ces bas se fabriquent dans le *Kwang-tong* et leur prix varie suivant la grandeur.

(9 paires de bas.)

Prix de vente à Canton :

Le 1er	numéro, long de	42 cent.,	6 candarïns	la paire	(46 centimes) ;
Le 2e	—	34	5	—	(38 —) ;
Le 3e	—	30	4	—	(31 —) ;
Le 4e	—	24	4	—	(31 —),
Le 5e	—	22	3	—	(23 —) ;

TROISIÈME PARTIE.

Articles divers.

I. ALBUMS SPÉCIAUX A L'INDUSTRIE LAINIÈRE.

447.—Album de 12 aquarelles représentant les travaux de l'ouvraison des poils et de la fabrication des tapis mao-tân à Nïng-po, par un peintre de Tïng-haïe.

448.—12 dessins au trait représentant le travail du feutrage des laines et des poils et la fabrication des tapis de feutre, par Tïng-qua de Canton.

449.—Aquarelle représentant l'intérieur de l'atelier de fabrication des camelots brochés à Canton, par Tïng-qua.

450.—Aquarelle représentant l'intérieur d'un atelier de teinture de la rue *Ta-tong*, par Tïng-qua.

451.—2 dessins au trait représentant les métiers à la tire sur lesquels se tissent les camelots brochés à Canton.

II. LAINAGES CONVENABLES AUX MARCHÉS DE L'INDO-CHINE.

MANILLE.

Nos d'ordre.

452 à 455. Draps fins pour la consommation espagnole à Manille, laize entre lisières, 1 mèt 45.

Prix d'achat des 2 vares 1/2 des échantillons : 10 piastres 5 réaux.

456.—Drap commun pour garniture de voitures, laize 1 mèt. 46.

Prix d'achat de 1/2 vare : 6 réaux.

457.—Columbiana, laize 63 cent.

Prix d'achat de 1 vare : 6 réaux.

458.—Mérinos lisse, laize 70 cent.

Prix d'achat de 2 vares : 1 piastre.

459.—Casimir, laize 63 cent.

Prix d'achat de 1 vare : 3 réaux.

460.—Casimir léger, laize, entre lisières 68 cent.

Prix d'achat de 1 vare : 2 réaux.

461.—Cubica, laize 83 cent.

Prix d'achat de la yard : 1/2 piastre.

462.—Columbiana, laize 64 cent.

Prix d'achat de la yard : 5 réaux.

463.—Petits échantillons de lainages divers, convenables pour la consommation espagnole et indigène de Manille.

464.—Chinellas, sandales en velours de coton brodé or et argent faux, semelle doublée de spanish-stripe écarlate. Bon échantillon pour la qualité du drap réservé pour cet usage.

BATAVIA.

465 à 472.—Collection de lainages, draps forts et légers, casimirs, flanelles, etc., convenables pour la consommation de Batavia.

Prix d'achat à Batavia : 8 florins 1/2.

473.—Carte d'échantillons des qualités et couleurs convenables pour les assortiments de draps unis et nouveautés à destination de Batavia.

III. OBJETS DIVERS.

474.—Étendard chinois en spanish stripe écarlate, brodé de fil d'or, acheté à Ning-po.

475.—Cornes de béliers et de moutons de la province de *Ho-nân*.

Le prix d'achat des moutons à Canton est de 8 taëls 5 maces par tête. Le poids moyen est de 85 à 90 catties. Chaque bête donne environ 35 catties de viande, qui se vend 2 maces le catty. Les cornes se vendent 1 mace les 10 catties.

Nos d'ordre.

476.—Tête de bélier de Chine.

476 *bis*.—Chaussures de femme tartare en satin brodé de soie et de paillettes, et garnies de passementerie de soie; semelle très haute et en laine feutrée.

Achetées à Macao.

MIN-TCHAO.

Article soie et coton, uni et broché, fabriqué à *Chouèn-té*, province de Kwang-tong; — analogue à nos nouveautés laine et fantaisie, et pouvant servir de modèle à l'industrie lainière.

477.—Mïn-tchao broché, jaune; laize 49 cent. 2 piast. 30 cents la pièce de 40 *chih*.

478.	—	vert pomme; laize	47 cent.	3 p.	40 c.	la p. de 40 *chih*.	
479.	—	blanc	—	50	1	70	—
480.	—	rose	—	47	3	40	—
481.	—	vert foncé	—	48	3	40	—
482.	—	grenat	—	48	2	30	—
483.	—	uni, bleu ciel	—	50	0	20 cents la yard.	
484.	—	gros de Tours, bleu foncé; laize 54 cent. —					

484 *bis*.—Min-tchao bleu, pièce entière, pesant 17 taëls 9 maces; laize 49 cent.

Prix d'achat à Canton : 3 piastres.

485.—PELLETERIES ET PEAUX DE MOUTONS, AGNEAUX, ET CHÈVRES DE CHINE ET DE TARTARIE.

1° ARTICLES ACHETÉS A CANTON.

—1° *Lo-yon-pi*, peau de vieille chèvre.

Ces peaux s'emploient pour les vêtemens des Chinois pauvres. Elles valent de 0 piastre 80 cents à 2 piastres, suivant la qualité.

—2° *Tcha-kau*, toison de couleur thé.

Prix du ma-kwa : 4 piastres ½.

—3° *Tchän-tchu-pi* (agneau aux mèches vrillées en perles) astrakan blanc.

Prix du ma-kwa : 15 piastres.

—4° *Fa-kau* (toison bigarrée).

Prix du ma-kwa : 4 piastres ½.

—5° *Ap-tsi-kau* (toison noir-rougeâtre).

Prix du ma-kwa : 16 piastres.

—6° *Tcho-tsuïn-chong* (agneau à mèches gris-verdacé perlées).

—*a*. Astrakan gris clair.

—*b*. — gris foncé.

Prix du ma-kwa : 30 piastres.

Nos d'ordre.

—7° *Siou-mân-yün* (toison d'agneau à laine courte).

Prix du ma-kwa : 5 piastres.

—8° *Tchong-mân-yün* (toison d'agneau à laine moyenne).

Prix du ma-kwa : 5 piastres.

—9° *Kouat-tchong-yün* (agneau d'os en terre).

On prend un os de mouton, disent les Chinois, on le met dans un vase que l'on ferme hermétiquement, on l'enterre; il se développe de la chaleur et il naît un petit agneau. Le *kouat-tchong-yün* est la toison de cet agneau.

Prix du ma-kwa : 16 piastres.

—10° *Tchïn-tchiou-pi.*

Prix du ma-kwa : 3 piastres ½.

—11° *Mak-tchoê.*

Prix du ma-kwa : 6 piastres.

Ces peaux s'emploient pour faire ou doubler des ma-kwas ou des taï-kwas : elles viennent des provinces de Shèn-si, Shân-si et de Tchih-li.

2° ARTICLES ACHETÉS A NÏNG-PO.

—12° *Tchïng-tchi-bi* (toison de petit agneau retiré du ventre de la brebis).

Cet astrakan est de qualité inférieure, parce que les mèches perlées sont trop longues et trop frisées; il faut que le perlé soit petit, plat, invisible et régulier.

Prix de l'échantillon : 1 piastre 1/2.

—13° *Tchia-kén-ka* du *Chïn-tchou-fou.*

Prix du *taï-kwa* (1) : 6 piastres (2).

—14° *Kïng-yân, ni-ma* du *Kïng-yân-fou,* province de *Shèn-si.*

Prix du *taï-kwa* : 4 piastres.

—15° *Tchiân-pa ni-ma,* du *Tchian-pa-fou,* province de *Shèn-si.*

Prix du *taï-kwa* : 3 piastres.

—16° *Kao-bi,* espèce de burel.

Prix de l'échantillon : 5 maces(3) ; — et la pièce de 12 *chih* pour *taï-kwa,* 60 maces.

—17° *Ni-ma,* du *Shèn-si.*

Prix du *taï-kwa* : 4 piastres.

---

(1) La pièce de pelleterie destinée au vêtement, dit *taï-kwa*, a environ 1 mètre 52 cent. de long sur 1 mètre 42 cent. de large.

(2) Ces prix peuvent être réduits de 20 p. o/o, pour être ramenés à la valeur de vente courante.

(3) Le mace vaut, à *Nïng-po*, environ 47 centimes.

Nos d'ordre.

—18° *Si-ka,* du *Shèn-si.*

Prix du *tai-kwa* : 7 piastres.

—19° *Na-tao,* burel.

Vieux *pao-tss'*, acheté 4 piastres.

—20° *Tchoung-yia-tè,* du Shân-si.

Astracan gris garni de triangles rapportés de *Hou-yang-by*, chèvre noire du Nord.

Prix de l'échantillon : 1 piastre.

—21° *Keu-kao.*

Agneau à mèches fines et vrillées du *Hné-Fou*, province de *Tchih-li*.

Prix de l'échantillon : 16 maces.

—22° Petits échantillons d'astrakans grenat, gris et blanc, de la Mandchourie.

—23° Deux petites peaux entières de *Pa-tchi-bi*, astrakans blancs, du *Tchi-nïyng-fou,* province de *Chân-tong;* elles ont 55 centimèt. de long et 26 cent. de large, et il en faut 16 pour faire un *ma-kwa.*—

3° ARTICLES ACHETÉS A CHANG-HAÏ.

—24° Trois petites peaux de lapin blanc, du *Tong-tchou-fou*, province de *Shèn-si*, appelées *Pi-tou-pi.*

Prix de la peau : de 171 à 190 cashs.

—25° Deux petites peaux entières d'agneau frisé du *Tong-tchou-fou*, province de *Shèn-si*, appelées *siao-yang-pi*, longues de 38 centimètres, larges de 18 centimètres.

Prix des 2 peaux : 8 maces.

486.— LAINES EN MASSE.

—1° Laine de moutons mérinos. Bonnes toisons du cap de Bonne-Espérance.—

—2° Laine de moutons mérinos, 1re qualité marchande (Cap de Bonne-Espérance).

—3° — 2e —

—4° — 3e —

Prix moyen des 3 : l'ancienne livre de Hollande :

—5° Echantillon de la partie de toisons présentée au concours de la Société d'agriculture du Cap de Bonne-Espérance, en mars 1846, par l'honorable Michiel van Breda, et qui y a mérité le

N^os d'ordre.

grand vase d'argent (troupeau mérinos croisé avec des béliers saxons).

—6° Toison prise au hasard dans le lot présenté au même concours par M. Raynier, du Cap de Bonne-Espérance (croisement kento-saxon).

487.—INSTRUMENS ET MÉTIERS POUR LE TRAVAIL DES TISSUS.

—1° Navette, bobinoir, biaux, pinces, ciseaux, peignes, etc., pour la fabrication des camelots brochés (*fa ü-tün*) à Canton.

—2° Lisses de coton montées sur leurs lames, peigne et navette pour le tissage des *tapiz* de soie à Tondò (île Luçon).

—3° 2 Peignes à broches en bambou, et navettes pour le tissage des tissus de coton du Kiang-sou, achetés à Chang-haï.

—4° 5 Peignes à broches en roseau, pour le tissage des tissus de coton dans l'Inde française.

—5° 1 peigne à broches en bambou, et navette pour le tissage des toiles de coton à Touranne (Cochinchine).

—6° Navettes en roseau pour le tissage des toiles de coton dans l'île de Java.

III.

ARTICLES DE L'INDUSTRIE

DES SOIES ET SOIERIES.

Délégué, M. I. HEDDE.

GRAINES, COCONS, FEUILLE.

N°s d'ordre.

488.—Collection de graines de mûrier.

488 *bis*. — de vers à soie.

489. — de feuilles de mûrier de Chine et de l'Indo-Chine.

490.—Collection de cocons, chrysalides, déchets de soie, etc.

MÉTIERS ET USTENSILES DIVERS.

491.—Cadre pour étendre et laver la graine de vers à soie.

492.—Panier servant de claie pour l'éducation des vers.

493. — pour la cueillette de la feuille de mûrier.

494. — pour le délitement des vers.

495.—Hache-feuille.

496.—Tour à filer la soie.

497.—Coconière en bambou.

498.—Moulin à soie pour l'organsinage, 1/4 de grandeur naturelle.

499.—Rouet à canettes, et accessoires.

500.—Dévidoir, id. pour la soie grége.

501.—Ourdissoir, id.

Nos d'ordre.

502.—Peignes et accessoires.

503.—Métier à tisser les étoffes de soie unies, un sixième de grandeur naturelle.

504.—Métier à tisser les étoffes de soie façonnées, un cinquième de grandeur naturelle.

505.—Métier à une seule marche pour tisser le *tchao* ou foulard, de grandeur naturelle.

506.—Métier sans marche pour tisser les cordons, tout monté, de grandeur naturelle.

506 *bis*.—Baguettes de cuivre pour le pliage des étoffes de soie.

506 *ter*.—Sachets insérés dans les masses ou paquets de soie, pour leur conservation.

SOIES.

507.—Tsat-li, 1re qualité de soie blanche.
Prix de revient en Chine : 38 à 44 fr. le kilogr.

508.—Tay-saam, 2e qualité de soie blanche.
Prix : 34 à 37 fr. le kilogr.

509.—Yun-fa, soie supérieure.
Prix : 37 à 45 fr. le kilogr.

510.—Canton no 1, soie blanche.
Prix : 31 à 33 fr. le kilogr.

511.—Canton no 2, soie blanche.
Prix : 29 à 30 fr. le kilogr.

512.—Canton no 3, soie blanche.
Prix : 25 à 28 fr. le kilogr.

513.—Canton no 4, soie blanche.
Prix : 22 à 24 fr. le kilogr.

514.—Canton no 5, soie blanche.
Prix : 21 à 22 fr. le kilogr.

515.—Canton no 6, soie soufrée.
Prix : 19 à 20 fr. le kilogr.

516.—Canton no 7, soie blanche jaunâtre.
Prix : 16 à 18 fr. le kilogr.

517.—Sse-tchouèn, soie jaune.
Prix : 33 à 39 fr. le kilogr.

518.—Tcha-pou, soies diverses inférieures.
Prix : 9 à 12 fr. le kilogr.

N^os d'ordre.

519.—Shân-tong, soie grisâtre sauvage.
Prix : 8 à 10 fr. le kilogr.

520.—Soies fantaisies diverses.
Prix : 9 à 12 fr. le kilogr.

521.—Rebuts de soie du Kiang-sou.
Prix : 7 à 10 fr. le kilogr.

522.—Organsin de Sou-tchou.
Prix : 45 à 50 fr. le kilogr.

523.—Organsin de Canton.
Prix : 35 à 40 fr. le kilogr.

524.—Trame de Shân-tong.
Prix : 12 à 15 fr. le kilogr.

525.—Soie jaune de Cochinchine.
Prix : 16 à 24 fr. le kilogr.

526.—Soie écrue à coudre de Cochinchine.
Prix : 20 à 30 fr. le kilogr.

527.—Sze-pi, douppion de Canton, n° 1.
Prix : 7 à 9 fr. le kilogr.

528.—Sze-pi, douppion de Canton, n° 2.
Prix : 5 à 6 fr. le kilogr.

529.—Sze-pi, douppion de Canton, n° 3.
Prix : 4 fr. 50 c. à 5 fr. le kilogr.

530.—Sze-pi, douppion de Canton, n° 4.
Prix : 3 fr. 50 c. à 4 fr. le kilogr.

531.—Soies diverses de Java, prix en Europe.
Prix : 16 fr. 25 c. le kilogr.

532.—Soies de Canton, à coudre.
Prix : 20 à 25 fr. le kilogr.

533.—Soie floche de Canton.
Prix : 30 à 35 fr. le kilogr.

534.—Cordonnet de Canton.
Prix : 35 à 40 fr. le kilogr.

535.—Soies à coudre de Nïng-po, couleurs fines.
Prix : 60 à 70 fr. le kilogr.

536.—Soies à coudre de Nïng-po, couleurs ordinaires.
Prix : 45 à 50 fr. le kilogr.

537.—Soie torse de Nïng-po, pour queue.
Prix : 40 à 45 fr. le kilogr.

Nos d'ordre.

538.—Soie floche, de Nïng-po, couleurs fines.
Prix : 70 à 75 fr. le kilogr.

539.—Soie floche de Nïng-po, couleurs ordinaires.
Prix : 50 à 60 fr. le kilogr.

540.—Cordonnet de Nïng-po.
Prix : 75 à 80 fr. le kilogr.

541.—Soie quina de Manille, simple et double, pour tissage.
Prix : 50 à 60 fr. le kilogr.

542.—Organsin cuit et teint de Canton, couleurs diverses.
Prix : 60 à 70 fr. le kilogr.

543.—Cordes en soie de Canton pour la musique et la pêche.
Prix : 24 fr. le kilogr.

544.—Cordes en soie de Ou-tchou —
Prix : 36 fr. le kilogr.

545.—Tissus filés par les vers à soie en Chine.
Prix : 12 à 15 fr. le kilogr.

546.—Éventails filés par les vers à soie.
Prix : 30 fr. la douzaine.

TISSUS.

547.—Foulard écru, largeur 49 cent.
Prix : 1 fr. 60 c. le mèt. ou 24 fr. le kilogr.

548.—Foulard écru, largeur 49 cent.
Prix : 1 fr. 50 c. le mèt. ou 22 fr. le kilogr.

549.—Foulard dit *pongi* (en pièce), largeur 75 cent.
Prix : 2 fr. 45 c. le mèt. ou 60 fr. le kilogr.

550.—Foulard dit *pongi* (en pièce), largeur 75 cent.
Prix : 1 fr. 30 c. le mèt. ou 40 fr. le kilogr.

551.—Foulard dit *pongi* (en mouchoirs), largeur 75 cent.
Prix : 2 fr. 40 c. chaque ou 65 fr. le kilogr.

552.—Foulard dit *pongi* (en mouchoirs), largeur 75 cent.
Prix : 2 fr. 10 c. chaque ou 45 fr. le kilogr.

553.—*Fang-tsiou* ou tissu de soie apprêté, largeur 49 cent.
Prix : 1 fr. 90 c. le mèt. ou 40 fr. le kilogr.

554.—*Fang-tsiou* ou tissu de soie apprêté, largeur 55 cent.
Prix : 5 fr. 25 c. le mèt. ou 53 fr. le kilogr.

Nos d'ordre.

555.—*Fang-tsiou*, tissu remarquable, largeur 55 cent.
Prix : 5 fr. 15 c. le mètre ou 56 fr. le kilogr.

556.—*Sou-sha*, gaze pour moustiquaire, largeur 74 cent.
Prix : 1 fr. 35 c. le mètre ou 40 fr. le kilogr.

557.—*Sou-sha*, gaze pour tamis, largeur 65 cent.
Prix : 75 cent. le mètre ou 135 fr. le kilogr.

558.—*Sou-sha*, gaze pour tamis, largeur 54 cent.
Prix : 2 fr. le mètre ou 90 fr. le kilogr.

559.—*Sou-sha*, gaze pour tamis, largeur 60 cent.
Prix : 3 fr. le mètre ou 120 fr. le kilogr.

560.—*Fa-sha*, gaze à jour façonnée, largeur 50 cent.
Prix : 1 fr. 50 c. le mètre ou 100 fr. le kilogr.

561.—*Mïn-tchao*, tissu de soie façonné, coton et soie, largeur 49 cent.
Prix : 1 fr. 90 c. le mètre ou 20 fr. le kilogr.

562.—*Sou-tunn*, satin uni, largeur 74 cent.
Prix : 5 fr. 60 c. le mètre ou 64 fr. le kilogr.

563.—*Nïng-tchao*, sergé irrégulier, largeur 80 cent.
Prix : 13 fr. le mètre ou 94 fr. le kilogr.

564.—*Fa-tunn*, damas ponceau, largeur 75 cent.
Prix : 7 fr. 75 c. le mètre ou 81 fr. le kilogr.

565.—*Fa-sha*, étoffe à jour façonnée, largeur 72 cent.
Prix : 5 fr. le mètre ou 159 fr. le kilogr.

566.—*Nïng-tchao*, sergé régulier, largeur 79 cent.
Prix : 10 fr. le mètre ou 119 fr. le kilogr.

567.—*Sou-tunn*, satin uni noir, largeur 99 cent.
Prix : 7 fr. 75 c. le mètre ou 64 fr. le kilogr.

568.—*Sou-sin-tsao*, gros de Naples crêpé, de Hang-tchou, largeur 62 cent.
Prix : 7 fr. 75 c. le mètre ou 90 fr. le kilogr.

569.—*Fa-sin-tsao*, gros de Naples façonné, crêpé, largeur 62 cent.
Prix : 9 fr. le mètre ou 98 fr. le kilogr.

570.—*Fa-sin-tsao*, gros de Naples façonné, crêpé, largeur 62 cent.
Prix : 10 fr. le mètre ou 106 fr. le kilogr.

571.—*Sou-tou-tsai*, crêpe uni de Canton, largeur 52 cent.
Prix : 5 fr. le mètre ou 65 fr. le kilogr.

Nos d'ordre.

572.—*Sou-kia-tsai*, crêpe uni de Kia-ing, largeur 51 cent.
Prix : 4 fr. 40 c. le mètre ou 77 fr. le kilogr.

573.—*Fou-ou-tsai*, crêpe uni de Ou-tchou, largeur 50 cent.
Prix : 4 fr. le mètre ou 72 fr. le kilogr.

574.—*Fa-ou-tsai*, crêpe façonné de Ou-tchou, largeur 50 cent.
Prix : 4 fr. 75 c. le mètre ou 78 fr. le kilogr.

575.—*Tunn-tsai*, satin uni, largeur 76 cent.
Prix : 9 fr. le mètre ou 90 fr. le kilogr.

576.—*Fa - sin - tsao*, gros de Naples façonné de Canton, largeur 64 cent.
Prix : 6 fr. 50 c. le mètre ou 74 fr. le kilogr.

577.—*Sou-tunn*, satin uni cramoisi, largeur 73 cent.
Prix : 4 fr. 50 c. le mètre ou 66 fr. le kilogr.

578.—*Sou-tunn*, satin uni blanc, largeur 73 cent.
Prix : 4 fr. 50 c. le mètre ou 66 fr. le kilogr.

579.—*Fa-tunn*, satin façonné pour parasol, largeur 76 cent.
Prix : 7 fr. 75 c. le mètre ou 81 fr. le kilogr.

580.—*Taï-tsai-tunn*, lampas, largeur 73 cent.
Prix : 9 fr. le mètre ou 109 fr. le kilogr.

581.—*Taï-fa-tunn*, damas, largeur 74 cent.
Prix : 6 fr. le mètre ou 100 fr. le kilogr.

582.—*Taï-kïng-tunn*, satin mandarin façonné, largeur 79 cent.
Prix : 20 fr. le mètre ou 117 fr. le kilogr.

583.—*Fa-kïng-tunn*, damas mandarin, largeur 76 cent.
Prix : 12 fr. le mètre ou 109 fr. le kilogr.

584.—*Nïng-tchao*, sergé régulier, largeur 80 cent.
Prix : 13 fr. le mètre ou 93 fr. le kilogr.

585.—*Taï-sze-tunn*, satin mandarin uni, largeur 79 cent.
Prix : 15 fr. le mètre ou 105 fr. le kilogr.

586.—*Hak-pak-tunn*, satin double face, largeur 80 cent.
Prix : 24 fr. le mètre ou 115 fr. le kilogr.

587.—*Mïn-tchao*, taffetas façonné coton et soie, largeur 49 cent.
Prix : 1 fr. 85 c. le mètre ou 45 fr. le kilogr.

588.—*Au-tunn*, tissu façonné laine et soie, largeur 82 cent.
Prix : 7 fr. 25 c. le mètre ou 47 fr. le kilogr.

589.—*Tunn-sze*, satin uni de Nan-king, largeur 97 cent.
Prix : 9 fr. le mètre ou 104 fr. le kilogr.

Nos d'ordre:

590.—*Sou-tunn*, satin uni de Nan-king, largeur 75 cent.

Prix : 4 fr. 50 c. le mètre ou 70 fr. le kilogr.

591.—*Chouk-lo*, étoffe à jour unie, largeur 58 cent.

Prix : 3 fr. 45 c. le mètre ou 60 fr. le kilogr.

592.—*Fa-sin-tsao*, gros de Naples façonné, largeur 61 cent.

Prix : 7 fr. le mètre ou 85 fr. le kilogr.

593.—*Kang-tchao*, crêpe double, fabrique de Canton, largeur 40 cent.

Prix : 3 fr. le mètre ou 62 fr. le kilogr.

594.—*Kang-tchao*, crêpe double, fabrique de *Kia-chïng*, largeur 40 cent.

Prix : 3 fr. le mètre ou 62 fr. le kilogr.

595.—*Pongee* apprêté, façonné, largeur 43 cent.

Prix : 1 fr. 50 c. le mètre ou 63 fr. le kilogr.

596.—Cravates noires, largeur 90 cent.

Prix : 2 fr. chacune ou 63 fr. le kilogr.

597.—*Tchong-kun*, taffetas léger uni pour parapluie, largeur 62 cent.

Prix : 1 fr. 10 c. le mètre ou 52 fr. le kilogr.

598.—*Tchong-kun*, taffetas léger uni pour parapluie, largeur 62 cent.

Prix : 1 fr. 10 c. le mètre ou 52 fr. le kilogr.

599.—*Tchong-kun*, taffetas léger uni avec bordure pour parapluie, largeur 68 cent.

Prix : 1 fr. 40 c. le mètre ou 54 fr. le kilogr.

600.—*Tchong-kun*, taffetas léger uni avec bordure pour parapluie, largeur 68 cent.

Prix : 1 fr. 90 c. le mètre ou 58 fr. le kilogr.

601.—*Pïng-so*, gaze légère de *Sou-tchou*, largeur 70 cent.

Prix : 0 fr. 20 c. le mètre ou 33 fr. le kilogr.

602.—*Pïng-so*, gaze légère de *Sou-tchou*, largeur, 70 cent.

Prix : 0 fr. 15 c. le mètre ou 33 fr. le kilogr.

603.—*Pïng-so*, gaze légère de *Sou-tchou*, largeur 70 cent.

Prix : 0 fr. 10 c. le mètre ou 33 fr. le kilogr.

604.—*Tchik-kom*, étoffe lamée, largeur 64 cent.

Prix : 13 fr. le mètre ou 140 fr. le kilogr.

605.—*Tching-fa-tunn*, brocatelle, largeur 60 cent.

Prix : 18 fr. le mètre ou 115 fr. le kilogr.

Nos d'ordre.

606.—*Sha*, gaze écrue, largeur 60 cent.
Prix : 3 fr. le mètre ou 160 fr. le kilogr.

607.—*Fa-pïng-kom*, façonné lamé, largeur 66 cent.
Prix : 4 fr. le mètre ou 85 fr. le kilogr.

608.—*Kaen-soutra*, taffetas écossais, malais, largeur 1 mèt. 10 cent.
Prix : 12 fr. le mètre ou 120 fr. le kilogr.

609.—*Tapiz* chiné des Philippines, largeur 35 cent.
Prix : 6 fr. le mètre ou 180 fr. le kilogr.

610.—Étoffe brochée d'un genre particulier faite à *Sou-tchou*, dans laquelle les trames diffèrent. La peinture, la broderie, la couture même sont employées successivement pour produire tel effet donné. Cette étoffe est appelée *hak-sz'* à Canton, *kak-sz'* à Nïng-po, *kih-sz'* à Chang-haï et à Sou-tchou, ainsi que dans le dialecte de la cour. On s'en sert pour tableaux, manches de femmes, etc.

611.—Manches de femmes de *kih-sz'*.
Prix : 12 fr.

612.—Sac à tabac pour femmes en *kih-sz'*.
Prix : 6 fr.

613.—Bourse pour hommes en *kih-sz'*.
Prix : 6 fr.

614.—Plastrons de magistrats et officiers civils et militaires.
Prix : 4 fr. 50 c.

615.—Costume complet, riche, d'officier, en *kih-sz'*.
Prix : 210 fr.

616.—Costume complet ordinaire.
Prix : 120 fr.

617.—Porte-éventail en *kih-sz'*.
Prix : 6 fr.

618.—Deux tabliers brodés soie et or.
Prix : pièce 24 fr.

619.—Deux tapis brodés soie.
Prix : pièce 30 fr.

620.—Transparent en gaze, encadré de carton, pour garantir du toucher les tissus et dessins.

621.—Echarpe de soie, fabriquée à Glascow, très-recherchée à Batavia.
Prix à Batavia : 16 fr.

622.—Echarpe de soie servant de cravate de dame.
Prix à Batavia : 8 fr.

Nos d'ordre.

623.—Costume de femme du peuple en Cochinchine.

Prix : 18 fr.

624.—Grands fichus brodés en soie et *pina* de Manille.

625.—Deux dessins modèles d'écran, exécutés à Canton, pour Madame de Lagréné.

626.—Fichus et bandes brodés en *pina* et coton, fabrique de Manille.

627.—*Hong-ling*, satin léger apprêté, largeur 41 cent.

Prix : 5 fr. le mètre ou 96 fr. kilogr.

628.—*Hong-ling*, satin brodé pour manches, largeur 75 cent.

Prix : 12 fr. le mètre ou 150 fr. le kilogr.

629.—*Hong-ling*, crêpe pour manches, largeur 51 cent.

Prix : 6 fr. le mètre ou 105 fr. le kilogr.

630.—*Hong-ling*, gaze écorce pour manches, largeur 60 cent.

Prix : 6 fr. le mètre ou 140 fr. le kilogr.

631.—*Hong-ling*, étoffe à jour pour manches, largeur 58 cent.

Prix : 6 fr. le mètre ou 105 fr. le kilogr.

632.—*Hong-ling*, gaze pour manches, largeur 75 cent.

Prix : 12 fr. le mètre ou 105 fr. le kilogr.

633.—*Hong-ling*, satin brodé extra-riche pour manches, largeur 75 c.

Prix : 12 fr. le mètre, ou 160 fr. le kilogr.

634.—*Sz-mién-yong*, velours soie, tramé coton de Canton, largeur 51 cent.

Prix : 5 fr. 75 c. le mètre ou 35 fr. le kilogr.

635.—*Fa-tsong-yong*, velours à plusieurs poils, de Tchang-tchou, largeur 60 cent.

Prix : 36 fr. le mètre ou 180 fr. le kilogr.

636.—*Fa-tsong-yong*, velours à plusieurs poils, de Tchang-tchou, largeur 53 cent.

Prix : 27 fr. le mètre ou 160 fr. le kilogr.

637.—*Sou-tsong-yong*, velours de Nan-king, largeur 58 cent.

Prix : 12 fr. le mètre ou 56 fr. le kilogr.

638.—*Sou-tsong-yong*, velours de Nan-king, largeur 58 cent.

Prix : 15 fr. le mètre ou 60 fr. le kilogr.

639.—*Sou-tsong-yong*, de Tchang-tchou, largeur 55 cent.

Prix : 7 fr. 50 c. le mètre ou 50 fr. le kilogr.

640.—*Sou-tsong-yong*, velours de Tchang-tchou, largeur 55 cent.

Prix : 6 fr. le mètre ou 42 fr. le kilogr.

Nos d'ordre.

641.—*Fa-si-tsong Young*, velours coupé et ciselé de Nan-king, largeur 63 cent.

Prix : 12 fr. le mètre ou 64 fr. le kilogr.

642.—Ceinture en filet soie cramoisie, longueur 3 mètres 1/2, poids 200 grammes.

Prix : 18 fr.

643.—Collection de 52 grands échantillons de diverses étoffes, fabriquées en Chine, classés par numéros, et dont les prix sont indiqués dans le catalogue particulier du Délégué.

644.—Collection de 43 grands échantillons de diverses étoffes.

645. Id. de 15 id. id.

646.—Carnet de 250 échantillons de rubans divers, dentelles et articles de passementerie en soie, de la fabrique de Canton, dont les prix sont déterminés dans un catalogue particulier.

647.—Châle crêpe de Chine à nouvelles franges, 2 mètres de côté.

Prix : 270 fr.

648.—Châle crêpe de Chine à nouvelles franges, 2 mètres de côté, franges comprises.

Prix : 240 fr.

649.—Châle crêpe de Chine à nouvelles franges, 2 mètres de côté, franges comprises.

Prix : 210 fr.

650.—Châle crêpe de Chine à nouvelles franges, 2 mètres de côté, franges comprises.

Prix : 180 fr.

651.—Châle crêpe de Chine à nouvelles franges, 2 mètres de côté, franges comprises.

Prix : 168 fr.

652.—Foulards de Chine, impression européenne.

Prix : la douzaine, 18 fr.

653.—Grand tableau sur soie avec application de soie.

Prix : 60 fr.

654.—Deux paires de sandales pour femmes et jeunes filles à Manille.

655.—Portrait du Délégué, brodé sur tissu de soie par les soins de *Ling-hing*, le fabricant le plus en renom pour l'industrie des soies à Canton.

656.—*Kabaïe* en soie imprimée, robe du Japon.

Prix : 60 fr.

657.—Echarpe imprimée, du Japon.

Prix : 18 fr.

Nos d'ordre.

658.—Genouillères pour hommes.

659.—Attaches pour femmes.

660.—Lacets et passementerie.
Prix du kilogr. : de 48 à 96 fr.

661.—Crêpe du Japon, largeur 42 centimètres, en soie imprimée.
Prix : 42 fr. la pièce.

662.—Gants de crêpe de chine pour hommes et pour femmes.
Prix : 64 fr. la douzaine.

663.—Mouchoirs en crêpe avec bordure rapportée et brodée.

664. Id. imprimés.

665.—Ceinture fond noir, imprimée blanc, pour hommes, du Japon.

666.—Dessins sur soie en gros relief, pour application de tapisseries.

667.—Collection de dessins modèles, brodés sur soie, en petit relief, pour tapis, tabliers, etc.

668.—Echarpe en gaze découpée, de la fabrique de Paris, très demandée à Manille, Batavia et Macao.

669.—Deux châles crêpe de Chine cerise, façonnés, de la fabrique de Canton.

670.—Fourreaux d'éventails, porte-montre, bandeaux, sachets, bourses, etc., brodés sur soie.

671.—Parasols et ombrelles en soie, doublés, fabriqués à Canton pour être exportés à l'Amérique du Sud.

672.—Sinamaïe rayé, tissu de pina et soie, fabriqué à Manille pour vêtement indigène.

673.—Sinamaïe façonné, tissu d'abaca et soie, fabriqué à Manille.

674.—Pina-lisa, espèce de Florence, chaîne pina, trame soie, fabrique d'Ilocos.

RUBANS ET CORDONS.

675.—*Tchek-fa-pinn-taïe*, rubans brochés de Canton, largeur 6 centimètres.
Prix : 2 fr. le mètre. 160 fr. le kilogr.

676.—*Ta-pinn-taïe*, rubans noirs pour cordons, toute largeur.
Prix du kilogramme : de 40 à 60 fr. suivant la qualité.

677.—Rubans faveur, une carte de 8 mètres.
Prix : 1 fr. 50 c.

678.—Rubans faveur façonnés, une carte de 8 mètres.
Prix : 1 fr. 50 c.

Nos d'ordre.

679.—Rubans taffetas, façonnés toute largeur, une carte de 8 mètres.
Prix : 1 fr. 50 c.

680.—Rubans taffetas lamés, petite largeur, une carte de 8 mètres.
Prix : 1 fr. 50 c.

681.—Dentelles soie, petite largeur, une carte de 8 mètres.
Prix : 1 fr. 50 c.

682.—Dentelles soie mélangée, petite largeur, une carte de 8 mètres.
Prix : 1 fr. 50 c.

683.—Cordons, petits, façonnés, de Chang-haï.
Prix : 3 centimes le e

684.—Etoffe satin façonné pour rubans, largeur 75 centimètres.
Prix du mètre : 20 fr.; du kilogr.: 99 fr.

685.—Rubans cordons brodés pour ceintures, 7 centimètres.
Prix : 6 fr. le mètre.

686.—Rubans cordons unis pour attaches de pied de femme, 8 centimètres.
Prix: 3 fr.

687.—Rubans cordons rayés pour attache de pieds de femme 5 centimètres 1/2.
Prix : 3 fr.

688.—Carte contenant 250 échantillons de rubans fabriqués en Chine, dont les prix sont détaillés dans le catalogue particulier du Délégué des soies.

LIVRES, ALBUMS, GRAVURES, ETC.,

RELATIFS AU TRAVAIL DE LA SOIE.

689.—Agriculture et soie, 1 vol. avec planches.—1.

690.—Industrie de la soie, 1 vol. avec planches.—1.

691.—Tableau du dévidage de la soie grége, à Ning-po.—1.

692. Id. du doublage, id.—1.

693. Id. du métier à une marche, id.—1.

694. Id. de divers travaux relatifs à la soie, id.—12.

695. Id. du métier à rubans, id.—1.

696. Id. du métier à brocher les châles et écharpes, id.—2.

697.—Albums relatifs à l'industrie de la soie.—3.

Nos d'ordre.

698.—Livres relatifs à l'industrie de la soie.

699 et 700.—Dessins sur soies diverses dont 2 relatifs au culte.—6.

701.—Gravures sur l'industrie sérigène.—5.

702.—Album, culture du riz et de la soie, 24 dessins.—1.

703.—Sujets chinois dessinés sur soie.—3.

704.—Chemin du ciel, tableaux sur soie.—2.

705.—Tableaux sur soie brodés.—2.

706. Id. d'applications de soie.—2.

707.—Album contenant toutes les opérations relatives à l'industrie de la soie, telle qu'elle est actuellement pratiquée à Canton, depuis la culture du mûrier jusqu'au tissage, 144 dessins au trait, avec caractères chinois explicatifs.

708.—Album du même genre pour le Kiang-sou et le Tché-kiang.

709.—Deux grandes bandes de dessins coloriés représentant les occupations des concubines de l'empereur dans le palais à Pékin.

710.—Velours de soie façonné, pour portière de palanquin, fabriqué à Tchang-tchou, province de *Fo-kièn* (1).

Prix d'achat à Tchang-tchou: 9 piastres.

711.—Carreau en velours de soie façonné, fabriqué à *Tchang-tchou*.

Prix d'achat : 2 piastres.

712.—Ceinture japonaise, achetée à Batavia.

713.—Etuis de pipes en soie lamée japonais, achetés à Batavia.

714.—Ceinture en crêpe de soie japonais, achetée à Batavia.

715.—Deux *kom-po-tss'*, plaques hiérarchiques en soie, faisant partie du costume officiel des dignitaires chinois.

Prix d'achat à Canton : 1 piastre 50 cents la pièce.

716.—Tissu de soie de bombyces sauvages, fabriqué dans le *Ss-tchouèn*, laize 48 cent.

Prix d'achat de la pièce à Canton : 3 piastres 25 cents.

717.—Robe d'enfant en satin brodé soie et fil d'or, achetée à Ning-po.

718.—Bourres de soie achetées à Canton.

---

(1) Cet article et les 8 qui suivent sont fournis par M. Rondot.

FILS ET TISSUS DE MA, ABACA, PINA, ETC. (1).

Nos d'ordre.

719.—Divers échantillons de filamens de Ma (*Urtica nivea*), improprement appelé par les Anglais grass-cloth, et avec lesquels les Chinois obtiennent d'excellens tissus dans le genre de la batiste.

720.—Fils de *ma*, propres à la couture.

721.— Id. pour cordages.

722.— Id. pour tissage, blanc.

723.— Id. id. vert.

724.—Tissus de *ma* blanchis en pièces, de 36 mètres de longueur et 43 centimètres de largeur dans les prix de 108, 102, 96, 90, 84, 78, 72, 66, 60, 54, 48, 42, 36, 30 et 24 fr., fabriques du Kwang-toung, du Kiang-si et du Fo-kièn : ces tissus sont appelés *hia-pou*, tissus d'été.

725.—Tissus de *ma*, écrus, dans des conditions analogues, avec une différence en moins de 6 fr. par pièce.

726.—Tissus de *ma*, blanchis, en pièces de 18 mèt. de longueur et 95 centimètres de largeur : deux qualités aux prix de 60 et 120 fr.

727.—Mouchoirs de *ma*, 58 cent. en pièce de 10 mouchoirs, dans les prix de 24 et 36 fr.

728.—Tissus de *ma*, teints et apprêtés dans les mêmes conditions que ceux blanchis avec une différence en plus de 6 fr. par pièce.

729.—Différens albums en moelle d'œschynomène, et au trait, représentant les diverses opérations de la culture du *ma* et du tissage de cette matière.

730.—Échantillons de filamens de *po-lo-ma*, aloës, de la province de Kwang-toung.

731.—Tissus de *po-lo-ma*, pièces de différentes largeurs et généralement d'un prix inférieur.

732.—Filamens d'Abaca (*musa textilis*).

733.—Tissus d'Abaca, ou chanvre de Manille.

---

(1) Voir aussi, au chapitre des cotons, les échantillons qu'a rapportés de ces matières le Délégué spécial, M. Haussmann. La série d'échantillons ci-dessus a été rapportée : 1° du n° 719 au n° 739, par M. Isidore Hedde; 2° du n° 740 au n° 750 par M. Natalis Rondot.

N°s d'ordre.

734.—Filamens de Pina (*Bromelia ananas*).

735.—Tissus de Pina.

736.—Coton rouge de Manille, appelé *coyote*.

737.—Tissus de Coyote.

738.—Tapiz ou tissus de coton chiné des Philippines.

739.—Tissus de coton tissés en Cochinchine.

740.—Tissus de fil de ma (*sida*), de po-lo-ma (*agave*), d'ananas (*bromelia*) et de bananier (*musa textilis*).

741.—Deux collections d'échantillons des diverses qualités de *hiapous*, en écru et couleurs bleu et cerise, faite par *Who-yune* de Canton.

742.—Filamens du *ma* de diverses finesses, bruts et filés, provenant de plants du *Ss'-tchouèn* et du *Kwang-tong*.

743.—*Ki-fon*, toile à sacs de riz, faite en filamens bruts de chanvre, cultivé à *Sïn-houé* (*Kwang-tong*).

La pièce, longue de 26 mètres 70 cent., large de 37 cent., a été achetée à Canton, 1 piastre 50 cents.

744.—Diverses matières textiles de Chine, pour tissus et cordages.

745.—Filamens de l'*agave Rumphii*.

746.—Tissus d'abaca (*guinara* et *medrinaque*), achetés à Manille.

747.—Gerbes de fils d'abaca achetés à Manille.

748.—Mouchoirs en pina (fil d'ananas) brodés à jour en coton de *Paranaque*, achetés à Malate, près Manille.

749.—Tissus d'abaca et de pina, unis ou façonnés, purs ou mélangés de soie et de coton, pour les camisas des métisses et des tagales de Manille.

750.—Echantillons de tissus de po-lo-ma (*agave*), achetés à Canton et à *Tchang-tchou*.

IV.

ARTICLES GÉNÉRAUX D'ART ET DE CURIOSITÉ

CONCERNANT

L'INDUSTRIE PARISIENNE.

***Délégué*, M. RENARD** (1).

COSTUMES, VÊTEMENS, CHAUSSURES, CHAPEAUX, ETC.

Nos d'ordre.

751.—Costume chinois en fibre de palmier.—1. (2)

752.—Vêtement chinois en astrakan blanc.—1.

753.— Id. id. noir.—1.

754.—Souliers chinois en satin.—2.

755. Id. de dame tartare, en satin brodé.—2.

756. Id. de dame chinoise, à petits pieds.—2.

757. Id. petit et moyen modèles.—4.

758.—Pantoufles de Manille.—6.

759.—Souliers d'homme du peuple.—1.

(1) Plusieurs des articles compris dans ce chapitre ont été apportés par les autres Délégués. Indicationen est donnée, soit par note, soit par les initiales suivantes : H. (Hedde), N. R. (Rondot), (H. Haussmann).

(2) On rappelle que ce chiffre indique le nombre de pièces ou objets.

Nos d'ordre,

760.—Chapeaux chinois et javanais dont 1 doré et en satin.—4.

761.—Calotte malaise en drap mosaïque.—1.

762.—Calottes chinoises.—2.

763.—Chapeau de soldat chinois.—1.

764.—Bonnet en feutre avec liséré.—1.

765.—Chapeau chinois en paille de riz.—1.

766.—Chapeau écossais de Manille.—1.

767.—Coiffures chinoises diverses.—9.

768.—Costume riche de dame de mandarin, composé de pantalon, jupon, surtout, bandeau, ceinture.

769.—Costume complet de mandarin : robe, pantalon, bottes, ceinture, chapeaux d'été et d'hiver.

770.—Costume de marchand chinois : robe, pèlerines, pantalon.

771.—Costume de Cochinchinois : robe et pantalon.

772.—Costume de femme chinoise du peuple : robe, jupon.

773.—Costume d'homme du peuple, en soie gommée : robe et pantalon.

774.—Robe de théâtre chinois.—1.

775.—Costume d'Indienne des Philippines : jupon en pina et soie, camisole de même étoffe, mantille en cotonnade lustrée, tapis large ceinture en soie brochée.

776.—Costume de prince javanais broché or : veste et pantalon.

777.—Robes-chemises en tissu de pina.—3.

778.—Echarpe blanche en crêpe du Japon.—1.

779. Id. en couleur imprimée.—1.

780. Id. en crêpe de Chine broché.—1.

781. Id. tissu nouveau façonné.—1.

782.—*Saya* en coton de Bornéo (ceinture-jupe).—1.

783.—Pantalons javanais brochés or.—2.

784.—Mouchoir brodé sur coton de Bornéo.—1.

785.—Jupon brodé de Bornéo.—1.

786.—Coupon de nankin des Philippines.—1.

787.—Ceinture de dame en passementerie de soie.—1.

Nos d'ordre.

788.—Ligature de petit pied, en soie, pour dame chinoise.—1.

789.—Tissu mélangé de papier doré et argenté.

790.—Plaque de mandarin.—1.

791.—*N. R.* Paire de chaussures en satin blèu ciel brodé soie et or, empeigne en laine foulée à l'usage des femmes tartares.
Achetée à Canton.

792.—*N. R.* 2 paires de petits souliers en soie et velours brodés à l'usage des dames chinoises.
Achetées à Ning-po.

793.—*N. R.* Paire de lunettes en cristal, avec monture articulée en cuivre blanc, renfermée dans son étui.
Achetée à Canton.

PLUMES.

794.—Aîles d'argus.—6.

795.—Plumes de queue d'argus.—8.

796.—Paquets de plumes d'argus, aîle et queue.—2.

797. Id. de plumes de canards de Barbarie.—1.

798. Id. id. id. de Nan-king.—1.

799.—Plumes d'autruche du cap de Bonne-Espérance.—12.

ÉCRANS.

800.—En plumes blanches.— 2.

801.— — avec peintures.— 2.

802.— — avec peintures riches.— 2.

803.— — avec peintures ordinaires. — 2.

804.—6 paires avec peintures diverses sur *soie*. — 12.

ÉVENTAILS.

805.—En ivoire sculpté.— 1.

806.— — très riche.— 1.

807.— — et or.— 1.

808.—En nacre, sujets soie, figures ivoire. — 1.

809.— — très riche.— 1.

810.—En bambou. — 16.

811.—En laque. — 1.

Nos d'ordre.

812.—En sandal sculpté. — 1.

813.—Porte-éventail brodé riche avec son éventail. — 1.

814.—*H.* Eventails tissés par les vers à soie.—6.

JONCS, ROTINS, CANNES ET PIPES.

815.—Joncs de Malacca. — 10.

816.—Rotins id. — 2.

817.—Rotins badines de Malacca. — 10.

818.—Rotin de Java. — 1.

819.—Cannes en bois de thé. — 2.

820.— — en laurier à crosse. — 2.

821.— — pour manche de parapluie. — 1.

822.—Canne de dame chinoise, tête de dragon. — 1.

823.— — bambou gravé, avec Chinois.— 1.

824.— — — sculpté, avec Chinois.— 1.

825.—Cannes bambous noirs et blancs, raides et ployans à nœuds perlés. — 16.

826.—Collection de cannes et cravaches en *Gettania.*

827.—Tuyaux de pipe en bambou de diverses espèces. — 14.

828.—Pipes chinoises en bambou de diverses espèces, en laurier et e bois. — 17.

829.—Pipes en ébène sculpté. — 2.

830.—Pipes laquées. — 3.

831.—Pipe japonaise. — 1.

832.—*N. R.* Shoui-Yïn, pipes à eau en cuivre blanc, achetées à Chang-haï.—3.

ALBUMS, DESSINS ET PEINTURES.

833 et 834.—Deux tableaux peints à l'huile par You-qua, de Canton, représentant le panorama des faubourgs et de la cité de Canton, sur la rive gauche du fleuve *Tchou-kiang.*

Ces deux tableaux ont été offerts à M. le Ministre de l'agriculture et du commerce par les Délégués commerciaux en Chine.

835.—*N. R.* Vue de la ville et de la rade de Macao.

Nos d'ordre.

836.—*N. R.* Vue des factoreries américaine et française à Canton, prise du milieu du fleuve *Tchou-kiang*, lors du séjour de la Délégation commerciale de France à Canton. Août 1845.

837.—Tableaux, peintures sur verre, divinités païennes.—6.

838.—Sujet en crêpe en relief.—1.

839.—Album au trait noir sur soie, relié en bois.—1.

840.—Album, peintures sur soie, insectes et fleurs de Chine, reliures en sandal.—1.

841.—Album imprimé : industrie de la soie; culture du riz, du thé, etc.—2.

842.—Album au trait noir : industrie de la Chine et de l'Archipel Indien.—16

843.—Album : boutiques de Canton.—1.

844. Id. boutiques de marchands de curiosités à Canton.—2.

845. id. 10 douzaines dessins au trait noir : divinités chinoises, fruits, oiseaux, poissons, coquilles, etc.—1.

846.—Album, 120 sujets : industrie de la Chine en général, reliés en soie.—5.

847.—Album, 120 sujets : instrumens et ornemens en usage en Chine.—1.

848.—*H.* Album, 120 sujets divers.—1.

849.—Album colorié représentant toutes les opérations depuis la culture du coton jusqu'à la conversion de la matière en tissus, avec texte.

850.—2 portraits de Taou-kwang, empereur actuel de la Chine.

851.—Portrait de l'empereur Taou-kwang, calqué et dessiné à Canton, par M. N. Rondot, sur un portrait original fait durant une cérémonie par un ami du Tao-taïe honoraire Pwan-tss'-chïng. Il est, suivant celui-ci, ressemblant aux huit dixièmes.

851 *bis*.—Même portrait de l'empereur Taou-kwang, copié par un peintre cantonnais.

852.—*N. R.* Portrait à l'huile de *Ki-yïng*, haut commissaire impérial, vice-roi des deux provinces Kwang-tong et Kwang-si, surintendant des cinq ports ouverts, etc.

852 *bis*.—Portrait à l'huile du délégué de l'industrie de Paris, fait d'après nature par Lam-qua, peintre chinois de Canton.—1.

853.—*H.* Dessins représentant un épisode du règne de Taou-kwang, l'empereur actuel de la Chine; insurrection de Jehanghir, descendant de Gengis-khan; sa lutte, sa défaite et son supplice, de 1825 à 1827.—10.

PEINTURES SUR MOELLE D'OESCHYNOMENE PALUDOSA.

Nos d'ordre.

854.—Album. Costume d'hommes de la campagne.—1.

855.— Id. Bateaux.—Exercices militaires.—Supplices.—Objets d'ameublement.—4.

856.—Album.—Oiseaux.—Poissons.—Fruits.—Coquilles.—5.

857.—Album : mandarins.—1.

858. Id. fabrication de la porcelaine.—5.

859. id. culture du riz, du thé et de la soie.—3.

860. id. habitans des Philippines.—1.

861. id. la vie d'un Chinois.—1.

862.—*N. B.* Collection d'albums de peintures, représentant les travaux de l'industrie de la soie en Chine, les costumes des classes supérieures, les cérémonies des mariages, les demi-dieux Taouistes, etc.—5.

PAYSAGES CHINOIS DIVERS.

863.—Paysage du nord de la Chine.—1.

864.—Réception d'une dame par le mandarin.—1.

865.—Divinités chinoises, peinture très riche.—1.

866.—Mandarins et leurs femmes.—2.

SUJETS CHINOIS, COSTUMES SOIE.

867.—Cahier de 12 dessins sur soie (oiseaux).—1.

868. Id. Id. en relief.—1.

869.—Figures moëlle d'œschynomène.—6.

870.—Sujets, figures moëlle d'œschynomène, grand modèle.—2.

871.—Dessus de boîtes.—2.

872.—Rouleaux de caricatures et grotesques de Chine.—8.

873.—*H.* Caricatures sur les Anglais, faites en Chine.—5.

874.—Estampes chinoises diverses.—136.

875.—Rouleaux de tentures chinoises.—12.

876.—Aquarelles, habitans des Philippines.—12.

877. Id. l'empereur de la Chine.—1.

Nos d'ordre.

878.—Aquarelle, attelage de bœufs du cap de Bonne-Espérance.—1.

879.—Peintures sur verre. Dames chinoises.—2.

880.—Aquarelles (1) représentant les principales opérations de la fabrication du *sam-chou*, eau-de-vie produit de la fermentation et de la distillation du riz ou du millet, etc., par un peintre de Ting-haï (île Tchou-sân).—12.

881.—Aquarelles anciennes représentant les jeux des enfans chinois.—12.

882.—Aquarelles représentant les principales opérations de la fabrication des tapis Mao-tan à Ning-po, par un peintre de Ting-haï.—12.

DESSINS INDUSTRIELS, PAR LES PEINTRES YOU-QUA ET TING-QUA, DE CANTON.

883.—*N. R.* Album de 12 dessins au trait, représentant les différens travaux de l'industrie du coton en Chine.

884.—Carte représentant l'intérieur d'une magnanerie.

885.— — — d'un atelier de soieries.

886.— — — d'un magasin de soieries.

887.—*H.* Divers dessins et planches relatifs pour la plupart aux travaux et industries des Chinois, et autres sujets variés.—60 (2).

888.—Fabrication du papier de bambou dans la province de Fo-kièn.—12.

889.—Culture et préparation du riz aux environs de Canton.—12.

890.—Fabrication et décoration des porcelaines dans le Kiang-si.—12.

891.—Travaux des forges et fonderies de fer et de cuivre à Canton.—12.

892.—Fabrication du cinabre, du vermillon et de la céruse à Canton.—12.

893.—Culture et préparation du thé aux environs de Canton.—12.

893 *bis*.—Plantes textiles et économiques de Chine.—12.

894.—Fabrication des verres à vitres à Canton.—12.

894 *bis*. Id. de l'encre de Chine à Canton.—12.

895.—Exploitation des houillères.—12.

895 *bis*.—Cultures, ouvraison et tissage du ma.—12.

---

(1) Cet article et les 19 suivans ont été rapportés par M. Rondot.
(2) Cet article et les 3 suivans ont été rapportés par M. Hedde.

Nos d'ordre.

896.—Albums renfermant 240 dessins au trait, par Tîng-qua, de Canton.

Ils représentent les industries du sucre, des huiles, des eaux-de-vie, du coton, de la laine, du fil de ma, du papier, des verres, de l'alun, etc., les exploitations houillères, les constructions, etc., etc, en Chine.

ROULEAUX, PEINTURES SUR SOIE.

897.—Oiseaux divers, oiseaux et arbres, oiseaux et fleurs.—25.

898. Id. et fleurs sur fond or.—12.

899.—Sujets de femmes et dames chinoises.—12.

900.—Tapisserie d'appartement.—5.

901.—Paysages et fleurs.—4.

902.—Culture du riz.—4

903.—Jeux des enfans.—4.

904.—Animaux divers et fleurs.—4.

905.—Mandarins à cheval à l'encre de Chine.—1.

906.—Mandarins et dames.—8.

907.—Musiciennes.—4.

908.—Médaillons divers.—4.

909.—Hommes à cheval au trait noir.—1.

910.—Martin pêcheur et poissons.—1.

911.—Chasse de l'empereur en Tartarie.—1.

912.—Divinités chinoises.—5.

913.—Mendians chinois.—1

914.—Chinois tenant un vase.—1.

915.—Déesse Käwn-yïn sur le Lotus.

916.—Etude de canards et de fleurs sur soie.—1.

917.—Dames de *Chang-tching* et de *Sou-tchou*.—8.

918.—Haras chinois.—1.

919.—Cérémonie chinoise.—1.

920.—Dame chinoise allaitant son enfant.—1.

921.—(1) Femmes de Sou-tchou (Kiang-sou), avec les costumes des temps anciens.— 8 peintures.

(1) Ces peintures et les 9 suivantes ont été fournies par M. Rondot.

Nos d'ordre.

922.—Bouquets et fleurs peints à Canton.—4 peintures.

923.—Culture des mûriers, élève des vers à soie et ouvraison des soies, culture et travail du riz.—12.

924.—Sentences tirées des livres sacrés et préceptes de morale.—6 peintures.

925.—Fac-simile d'autographes et de peintures de Chinois célèbres. —8 peintures.

926.—Moines mendians bouddhistes.—2 peintures.

927.—Métier à la tire, copie d'une peinture ancienne par Ting-qua, de Canton.—1 peinture.

928.—Scènes intérieures. Peinture ancienne sur gaze de soie, la vierge bouddhiste Kwān-yïn, déesse de la Miséricorde.—2 peintures.

929.—Planches anatomiques.—8 peintures.

CARTES GÉOGRAPHIQUES, TABLEAUX, RELIEFS, ETC.

930.—Cartes diverses de la Chine, dont une en huit tableaux. — 18.

931.—(1) Cartes des province et ville de Canton. — 2.

932 et 933.—Carte de Chine avec hémisphère terrestre. — 2.

934. Id. id. id. céleste. — 1.

935. Id. de la province de Kiang-Soo. — 1.

936.—Plans d'Amoy et de Pékin. — 3.

937.—Vue du port de Foo-chou-foo. — 1.

938 et 939.—Ville et environs de Sou-tchou. — 2.

940.—Série de tableaux à l'huile, sur toile, présentant des scènes d'ntérieur et des paysages chinois. — 14.

941.—Tableau. Batelière chinoise de bateau Tanka. — 1.

942.— Id. Femme d'un bateau de fleurs. — 1.

943.— Id. Chinois et batelière. — 1.

944.—Jeune Chinois domestique interprète, portrait à l'huile d'après nature. — 1.

---

(1) Cet article et les 6 qui le suivent ont été rapportés par M. Hedde.

Nos d'ordre.

945.—Tableau. Jeune Indienne des Philippines. — 1.

946.—Bas-relief en crêpe, divinités chinoises. — 1.

PAPIERS, LIVRES, BROCHURES, ETC.

947.—Paquets de papiers blancs divers de Chine. — 8.

948. Id. id. de couleurs id. — 11.

949. Id. id. de Cochinchine. — 2.

949 *bis*.—Feuilles de papier colorié glacé de Chine.— 8.

949 *ter*.—Echantillon de papiers de tenture, fond rouge, avec dessins en *or*, exécutés à la main par un artiste chinois.

950.—Echantillon de papier ordinaire des îles Liou-tcheou.

950 *bis*.—Echantillons de gazes et papiers pour fabriquer les lanternes.

951.—Ouvrages illustrés, texte chinois, volumes. — 27.

952. Id. id. antiquités chinoises, volumes. — 20.

953. Id. id. caractères alphabétiques chinois, volumes.— 6.

954.—Brochures pour les enfans. — 13.

955.—(1) Géographie chinoise, 13 volumes.

956.—Géographie de Canton, 3 volumes.

957.—Dictionnaire de Chang-haï, 32 volumes.

958.—Pan-tsao, matière médicale chinoise, 6 volumes.

959.—(2) Histoire naturelle chinoise par Li-chi-chân, 3 volumes.

960.—Traité de la culture et du travail du riz, de l'élève des vers à soie et de l'industrie sérigène en Chine, 1 volume.

961.—Almanachs impériaux, 2 volumes.

PORCELAINES, FAIENCES ET VERRERIES.

962.—Grand plat en porcelaine du Japon. — 1.

963.—Cuvette en porcelaine de Chine. — 1.

964.—Divinités chinoises en porcelaine. — 6.

---

(1) Cet article et les 3 suivans ont été rapportés par M. Hedde.
(2) Cet article et les 2 suivans ont été rapportés par M. Rondot.

Nos d'ordre.

965.—Vases en porcelaine de Chine et sucriers. — 7.

966. Id. forme bouteille, divers modèles. — 14.

967. Id. à fleurs, forme cylindrique. — 8.

968. Id. id. de divers modèles. — 5.

969. Id. antiques en porcelaine avec pied en bois. — 10.

970.—Jeu de 10 tasses. — 1.

971.—Pots en porcelaine avec couvercles. — 10.

972.—Théière, forme melon. — 1.

973.—Bain-marie chinois. — 1.

974.—Théières, grand et petit modèles. — 6.

975.—Petit pot à crème avec couvercle. — 1.

976.—Tasses de porcelaine à thé avec couvercles et avec soucoupes, — 34.

977.—Tasse de porcelaine, coque d'œuf, avec soucoupe et couvercle. — 1.

978.—Tasses de porcelaine, moyen et petit modèles. — 6.

979.—Tasse à bouillon avec couvercle. — 1.

980.—Plateau carré. — 1.

981.—Tasses différens modèles, avec ou sans soucoupes. — 6.

982.—Soucoupes en étain découpé pour tasses de porcelaine. — 12.

983.—Tabatière forme de fleur en porcelaine. — 1.

984. Id. en verre. — 1.

985.—Chaufferette à eau bouillante. — 1.

986.—Tasse jouet d'enfant. — 1.

987.—Boîtes à huile et à pommade. — 3.

988.—Assiette en porcelaine ordinaire. — 1.

989.—Assiettes variées, modèles divers. — 26.

990.—Soucoupes assorties en porcelaine de Chine ou du Japon. — 12.

991.—Petit vase bleu. — 1.

992.—Boîte à parfum. — 1.

993.—Théières, grande et petite, en terre rouge avec couleurs. — 2.

994. Id. modèles variés. — 7.

N^os d'ordre.

995.—Vases décorés avec lézards. — 2.

996.—2 services complets en porcelaine antique. — 13 pièces.

997.—Assiettes en porcelaine antique. — 9.

998.—Soucoupes et tasses en porcelaine antique. — 18.

999.—Verres à *sam-chou* id. — 3.

1000.—Jatte à fruits id. — 1.

1001.—Tasses en terre grise. — 4.

1002.—Encriers chinois en porcelaine. — 4.

1003.—Brûle-parfums. — 1.

1004.—Statuettes antiques en faïence sur pied en bois sculpté. — 3.

1005.—Statuettes en faïence, pied en terre. — 2.

1006.—Crapauds fabuleux. — 2.

1007.—Statuette peinte. — 1.

1008.—Statuettes et lions fabuleux en faïence. — 4.

1009.—Tasses en terre rouge vernissées intérieurement. — 6.

1010.—Boule pour pipe à opium émaillé bleu. — 1.

1011.—Tuile vernissée pour gouttière. — 1.

1012.—Divers échantillons de terre d'argile pour fabriquer les statuettes.

1013.—Colliers de perles de verre. — 2.

1014.—Paires de bracelets en verre. — 3.

1015.—Bagues d'archers id. — 2.

1016.—Bagues ordinaires id. — 3.

1017.—Pendans d'oreilles id. — 4.

1018.—Tuyau de pipe id. — 1.

1019.—Garniture de boutons id. — 1.

1020.—Anneaux en v[illegible] id. — 2.

1021.—Bandeaux : ornemens de coiffure en verre. — 3.

1022.—Matières employées pour fabriquer le verre à Canton. —

1023.—*N. B.* 3 services à thé, composés chacun de 12 tasses avec leurs soucoupes et couvercles, en porcelaine fine décorée (décor dit de Nan-king) du Kiang-si.

Nos d'ordre.

1024.—Théières, sucrier, pot au lait, vase à sam-chou en même porcelaine.—5.

1025.—Vases, porte-pinceaux, tasses et cuillers à boire le sam-chou, etc., en même porcelaine.—30.

1026.—Plateau en porcelaine décorée.—1.

MATIÈRES MINÉRALES, MINÉRAUX PRÉCIEUX.

PIERRES FINES OU FAUSSES, PERLES, ETC.

1027.—Collection de minéraux divers.

1028.—Minéraux divers sur pied. — 3.

1029.—Malachites. — 3.

1030.—Lazulites. — 1.

1031.—Vide-poche en jade avec pied en bois sculpté. — 1.

1032.—Collection de pierres fausses et fines de Ceylan.

1033.—Opales. — 3.

1034.—Grandes topazes. — 4.

1035.—Grandes améthystes. — 3.

1036.—Bloc améthyste sur pied. — 1.

1037.—Cristal de roche. — 2.

1038.—*H.* Cristal de Tchong-tchou. — 1.

1039.—Aigue marine. — 1.

1040.—Pierres fines diverses taillées. — 46.

1041. Id. id. non taillées. — 4.

1042. Id. fausses. — 13.

1043.—Perles fines des mers de Soulou. — 20.

1044.—Saphirs. — 3.

1045.—Lapis-lazuli. — 2.

1046.—Pendans d'oreilles en malachite. — 2.

1047.—Néphrite, bague d'archer. — 1.

1048.—Cachet en améthyste, représentant un lion. — 1.

1049.—Échantillons de cinabre et de pierre d'aimant. — 2.

Nos d'ordre.

1050.—Échantillons de soufre natif. — 1.

1051. Id. d'alun. — 1.

1052.—Sulfure d'arsenic natif. — 2.

1053.—*H.* Échantillons de houille de Bornéo. — 1.

1054.—*H.* Id. id. de Chine. — 15.

1055.—*H.* Mines de houille et d'anthracite. — 2.

1056.—*N. R.* Collection de roches et minéraux recueillis dans les terrains granitiques, volcaniques, intermédiaires, etc., du littoral du Kwang-tong, Tché-kiang, Fo-kièn, et de la Cochinchine.

1057.—*N. R.* Collection de roches, sables, argiles et houilles de l'île *Labouän*, Bornéo.

1058.—*N. R.* Houilles des provinces de Hou-kouang, de Kwang-tong et de Kouang-si.

1059.—*N. R.* Roches et minéraux de la Malaisie et de la Cochinchine.

PRODUITS CHIMIQUES ET TINCTORIAUX (1).

1060.—Acide azotique pur, fabriqué à Canton.

L'appareil est identique à celui de nos laboratoires et les cornues de grès et de verre sont faites à Canton même.

1061.—Modèle de l'alambic dans lequel on opère à Amoy (province de Fo-kièn) la distillation du sam-chou, eau-de-vie de riz.

1062.—Mercure acheté dans la ville de Tchang-tchou (Fo-kièn) chez un fabricant de cinabre et de vermillon. Il vient, suivant lui, de Lam-qui-tchou-fou (Fo-kièn), et a été payé 1 taël le catty, prix énorme, car les négocians anglais d'Amoy assurent qu'on peut traiter le même de 60 piastres à 90 piastres le picul.

1063.—Soufre en fleurs } fabriqués aux environs de Canton avec des
1064.— Id. en masse } sulfures de la province, et employés dans la fabrication de la poudre à canon chinoise.

1065.—Salpêtre (azotate de potasse) raffiné, fabriqué dans le Nord et à Canton, employé dans la fabrication de la poudre à canon chinoise.

---

(1) Les articles placés sous ce titre ont été apportés par M. Rondot.

Nos d'ordre.

1066.—Collection des principales matières végétales tinctoriales, et des mordans employés dans les teintureries de Canton, de Tchou-sân et de Nïng-po.

1067.—Collection des matières végétales employées à Tchou-sân pour la coloration des tabacs.

1068.—Collection des matières minérales employées à Canton pour la coloration des verres à vitres.

1069.—Résines, cires d'abeilles et des *cicada limbata* de Fabricius, suif de *stillingia sebifera*, matières colorantes des suifs et des cires, etc., etc.

1070.—Echantillons de cinabre, de céruse et des résidus de leurs fabrications, de minéraux médicinaux, de borax, de sulfure et d'oxyde d'arsenic, etc.

1071.—(1) Hong-hwa, espèce de carthame avec lequel les Chinois obtiennent d'excellentes nuances rose, cerise et ponceau.

1072.—Pei-tseu, galle propre à mordancer.

1073.—Kou-kaouo, graine de salicinée employée pour teindre en noir.

1074.—Ka-kohou, graine de conifère employée au même usage.

1075.—Wang-tang, espèce de curcuma employé pour teindre en jaune.

1076.—Sou-mou, bois de sapan (*cæsalpinia sapan*) au moyen duquel on obtient en Chine de beaux rouge-cramoisi.

1077.—Alun, mordant habituel des teinturiers chinois.

1078.—Carte représentant l'intérieur d'un atelier de teinture.

BRONZE ET CUIVRE, STATUETTES, ETC.

1079.—Chimère, grand bronze. — 1.

1080.—Statuettes de Confucius. — 2.

1081. Id. id. grand modèle. — 1.

1082.—Sonnettes chinoises. — 2.

1083.—Grand vase à fleurs en bronze avec cuvette de plomb. — 1.

1084.—Brûle-parfums : divinité monstre en bronze. — 2.

1085. Id. bronze genre florentin avec lions fabuleux. — 3.

---

(1) Cet article et les 7 qui suivent ont été fournis par M. Hedde.

N°s d'ordre.

1086.—Brûle-parfums : animal fantastique. — 1.

1087. Id. grenouille. — 1.

1088. Id. urnes, modèles assortis. — 10.

1089. Id. id. couvercle et lion fabuleux. — 1.

1090.—Grues sacrées pour flambeaux chinois. — 2.

1091.—Paniers en vieux *cashs* (monnaie chinoise). — 2.

1092.—Vases antiques en bronze, modèles variés. — 10.

1093.—Verre à *sam-chou* en bronze. — 1.

1094.— Id. id. cuivre émaillé. — 2.

1095.—Chaufferette chinoise en bronze. — 1.

1096.—Statuette de déesse, bronze. — 1.

1097.—Eléphant brûle-parfum. — 1

1098.—Confucius assis sur un daim, brûle-parfum. — 1.

1099.—Lion fabuleux sur piédestal en bois sculpté. — 1.

1100.—Statuettes en bronze. — 14.

1101.—Instrument à broyer la noix d'arec, en bronze. — 1.

1102.—Petit vase en bronze avec pied. — 1.

1103.—Scorie de cuivre sur piédestal. — 1.

1104.—Cachet en bronze. — 1.

1105.—Echantillons de cuivre. — 2.

1106. Id. id. du Japon. — 1.

1107. Id. id. de Cochinchine. — 1.

1108. Id. id. de Chine. — 2.

1109. Id. de cuivre blanc de Chine. — 1.

1110.—Paire de mouchettes. — 1.

1111.—Mors javanais. — 1.

ARTICLES EN ARGENT CISELÉ.

1112.—Parure de dame chinoise, composée de sept pièces : argent ciselé et plumes de martin-pêcheur. — 1.

1113.—Porte-cigare. — 1.

Nos d'ordre.

1114.—Choppe à bière. — 1.

1115.— Id. ornement bambou. — 1.

1116.—Tabatière grand modèle.— 1.

1117.— Id. petit modèle.— 1.

1118.—Porte-cartes de visite.—1.

1119.— Id. en filigrane.— 1.

NUMÉRAIRE, *PIÈCES DE MONNAIE.*

1120.—Collection de monnaies de cuivre anciennes et modernes de Chine et de Cochinchine.

1121.—Collection de monnaies de cuivre de l'Archipel indien.

1122.—Piastres d'Espagne choppées ou estampillées : 33 pièces ou fragmens de pièces , valeur 20 piastres.

1123.—1 pièce de monnaie de Chine, en argent, valeur 1 piastre, ou 5 francs 50 centimes environ.

1124.—2 pièces de monnaie cochinchinoise en argent, valeur 2 piastres.

1125.—1 pièce de monnaie cochinchinoise en argent, valeur 1/2 piastre.

1126.—2 lingots cochinchinois de forme rectangulaire estampillés, valeur 2 piastres 1/2.

1127.—1 ko-bang du Japon en or, valeur 30 francs environ.

1128.—1 pièce très-petite en or, valeur 1/2 piastre, ou 2 fr. 50 c.

1129.—*N. R.* Collection des monnaies de cuivre chinoises anciennes et modernes, depuis le Tsien de Taou-kwang jusqu'aux Taou des temps antiques.

1130.—*N. R.* Piastre d'argent frappée à Tchang-tchaou, province de Fo-kièn.

1131.—*N. R.* Piastre d'argent frappée à Taï-wān, île Formose.

1132.—*N. R.* Piastres à colonne d'Espagne estampillées.

MESURES CHINOISES (1).

COLLECTION DE 200 MESURES DE LONGUEUR (*changs et chihs*).

1133.—Mesures de longueur en usage à Macao.

1134. id. id. à Canton et dans le département.

---

(1) La série d'articles placée sous ce titre a été apportée par M. N. Rondot.

N^os d'ordre.

1135.—Mesures de longueur en usage à Chang-haï et à Tsong-mïng.

1136.	id.	Id.	à Nïng-po.
1137.	id.	id.	à Tïng-haï.
1138.	id.	id.	à Tchïn-haï.
1139.	id.	id.	à Amoy.
1140.	id.	id.	à Tchang-tchou.
1141.	id.	id.	à Victoria, Hong-kong.

1142.—Règle parallélipipèdique sur les quatre faces de laquelle sont gravées les longueurs et divisions de la coudée chinoise sous les dynasties *Tchou* (1122 à 255 avant notre ère), *Hän* (de 202 avant J.-C. à 223 A. D), *Song* (de 960 à 1126 A. D.), et *To-Tsïng* (dynastie régnante).

1143.—Chih de la douane chinoise, conforme aux prescriptions du tarif de 1843.

1144.—Chih fixé par le ministère des finances pour l'arpentage des terres.

Ces deux mesures ont été exécutées exactement d'après les étalons déposés au consulat de Chang-haï.

1145.—Kwän-tchioh, Chih employé pour l'arpentage des terres dans le Tchang-tchou-fou, exécuté d'après l'étalon officiel déposé chez le trésorier de la cité.

1146.—Chang égal à celui de la douane, mesure linéaire légale de la colonie de Hong-kong, exécuté d'après l'étalon de la trésorerie coloniale et adressé par le gouverneur sir J.-F. Davis à M. N. Rondot.

Mesures de capacité chinoises employées pour le mesurage des grains à Hong-kong.

1147. — Chïng (1 litre 066 millilitres).

1147 (*bis*).—Tao (10 litres 358 id.).

1147 (*ter*).—Mesure d'une contenance de 37 litres 607, ne rentrant point dans la nomenclature et paraissant équivaloir à 35 chïng.

Ces 3 mesures ont été adressées à M. Rondot par le gouverneur de Hong-kong.

1148.—Poids de 2 taëls pour peser l'argent.

—	id.	id.	le thé.
—	id.	id.	le sucre.
—	id.	id.	le riz.

1148 (*bis*).—3 Poids de 2 taëls divers.

Nos d'ordre.

1149.—Balance, *tïn pïng* } En usage à Canton et dans les ports ouverts.
1150.—Petite romaine, *ching* ou *dotchïn* (*tok-chïng*), } En usage à Canton et dans les ports ouverts.
1151.—Trébuchet, *tang*, } En usage à Canton et dans les ports ouverts.

ARMES.

1152.—Armure de Bornéo composée de 7 pièces.

1153.—Bouclier orné de chevelures de Bornéo.— 1.

1154.—Sabre avec couteau à couper le rotin.—1.

1155.—Sarbacane. — 1.

1156.—Porte-flèches avec flèches empoisonnées.—1.

1157.—Ceinture.— 1.

1158.—Cuirasse.— 1.

1159.—Bonnet avec plume et chevelure ennemie. — 1.

1160.—Bouclier malais en rotin.— 1.

1161.—Sabres, kris, et couteaux malais et javanais.— 25.

1162.—*N. R.* Kris malais de Singapore, imitation anglaise. — 1.

1163.—Sabres de mandarins.— 2.

1164.—Sabres de cavalerie chinoise.— 2.

1165.—Couteaux de chasse.

1166.—Sabre de fantaisie chinois, à 2 lames. — 3.

1167.—Sabres de soldats.— 1.

1168.—*H.* Sabres d'officiers.—1.

1169.—Sabres chinois de fantaisie, à 1 lame.— 3.

1170.—Carabines de Bornéo.— 2.

1171.—Fusils chinois.— 2.

1172.—*H.* Fusil chinois de sous-officier. — 1.

1173.—Armes symboliques du commandement.—2.

1174.—*N. R.* Lances, zagaies, flèches et arc des Papous, indigènes de la Nouvelle-Guinée.

1175.—*N. R.* Fusil à mèche chinois.

1176.—*N. R.* Sabre double d'officier chinois.

1177.—*N. R.* Kris malais de Singapore, contrefaçon anglaise.

1178.—*N. R.* Kris malais Java (Batavia).

Nos d'ordre.

1179.—*N. R.* Krîs malais de Java (Anjer).

1180.—*N. R.* Bouclier de guerrier dayak de Bornéo.
Il est orné de chevelures des ennemis tués.

1181.—Casse-tête.— 1.

1182.—Epée en monnaie ancienne de Chine, 1.

1183.—Bouclier chinois en bronze.

1184.—Arcs chinois, avec carquois et flèches.—5.

1185.—*H.* Lances et armes chinoises à manche.— 7.

1186.—Lance à sarbacane.—1.

1187.—Lances malaises, divers modèles, avec fourreaux garnis en argent.—15.

1188.—Lances malaises garnies en cuivre.— 4.

1189.—Lances, javelots et tridens des *papous*, garnis de bois dur et d'os empoisonnés.— 54.

1190.—Flèches des *papous*, garnies et empoisonnées.— 27.

1191.—Arcs des *papous*.—2.

1192.—Armures des Igorrotes, indigènes des Philippines. — 2.

1193.—Arcs.— 2.

1194.—Lances à 2 fers.

1195.—Flèches avec lames en fer.— 5.

1196.— — en bois de fer.—11.

INSTRUMENS DE MUSIQUE.

1197.—Gong de première dimension.— 1.

1198.—Instrumens en peau de cochon.— 3.

1199.—Trompettes diverses.— 3.

1200.—Hautbois chinois. — 1.

1201.—Instrumens en bois.—2.

1202.— Id. à cordes.— 5.

1203.—Flûte en bambou.— 1.

1204.—Polycorde en fil d'archal.— 1.

1205.—Tambours japonais. — 2.

1206.—Flûtes en bambou.— 2.

JOUETS D'ENFANS.

Nos d'ordre.

1207.—Boîte contenant 65 joujoux en terre et en plâtre, carton et papier.

1208.—Poupées à ressort.— 2.

1209.—Eléphant id.

1210.—Chaise en bambou (jouet).— 1.

1211.—Poupées du Japon dans leurs boîtes.—2.

TABLETTERIE VARIÉE EN IVOIRE, NACRE, ÉCAILLE ET SANDAL, ETC.

1212.—Coquilles de nacre sculptées.— 2.

1213.—Jeux de 3 dés en ivoire.— 3.

1214.—Porte-cartes en ivoire.— 1.

1215.—Claquette sculptée.—1.

1216.— Id. en sandal.— 2.

1217.— Id. en ivoire avec 24 sujets, dorure en relief.— 1.

1218.—Porte-cartes en ivoire sculpté, riches, divers modèles.— 4.

1219.— Id. en sandal. 1.

1220.—Lion fabuleux avec lionceau, ivoire sculpté.— 1.

1221.—Divinités chinoises, id. —2.

1222.—Bateau et bateliers chinois, id. —1.

1223.—Couteaux sculptés en ivoire de dimensions diverses.— 12.

1224.—Couteau en nacre, gravé, sculpté, petit, moyen et grand modèle.— 3.

1225.—Couteau en écaille, moyen modèle. — 1.

1226.—Tabatières en ivoire, grand et moyen modèles. — 2.

1227.—Tabatière carrée en ivoire sculpté, très-riche.— 1.

1228.—Boule d'ivoire sculptée. — 1.

1229.—Fiches et contrats, grand et petit modèle.— 2.

1230.—Miroir en ivoire richement sculpté.— 1.

1231.—Dessus de brosse, en ivoire sculpté.— 2.

Nos d'ordre.

1232.—Peignes à retaper, en écaille et en ivoire.—3.

1233.— Id. à décrasser en ivoire. — 1.

1234.— Id. à papillottes en écaille. — 6.

1235.—Couverts chinois en écaille.— 4.

1236.—Tabatières en écaille sculptée.— 2.

1237.—Bonbonnière unie en écaille.— 1.

1238.—Vide-poches en écaille. — 2.

1239.—Boîtes de papier à lettre à l'usage des dignitaires. — 11.

1240.— Id. à mouchoir, en sandal. — 1.

1241.—Boîte à gants en sandal, sujets chinois en soie, figures en ivoire. — 1.

1242.—Plaque à portrait en ivoire.—1.

1243.—Carnet en ivoire sculpté. — 1.

1244.—Cachets en nacre sculptés, dont un à jour. — 2.

1245.— — en ivoire sculptés. — 4.

1246.—Collection de cachets en ivoire, dont 3 avec boules.— 10.

1247.—Cachets en nacre sculptés. — 1.

1248.—Jeu de patience en ivoire sculpté. — 1.

1249.—Jeux chinois en ivoire. — 8.

1250.— — d'échecs en ivoire, modèles variés. — 7.

1251.— — de boston en ivoire sculpté. — 1.

1252.—Boîte à écarté avec 8 jetons sculptés, petit modèle. — 1.

1253.— — — — grand modèle. — 1.

1254.—Grosses de boutons de nacre 1er, 2e et 3e choix. — 4.

1255.—Claquettes porte-cartes en écaille gravées et sculptées en nacre et ivoire. — 6.

1256.—Etui à filet en ivoire sculpté. — 1.

1257.—Table du Japon, incrustation de nacre. — 1.

QUINCAILLERIE, COUTELLERIE, BIMBELOTERIE.

1258.—*H.* Carte contenant 55 objets de quincaillerie. — 1.

1259.—*H.* — 38 — de bimbeloterie et verrerie. — 1.

N^os d'ordre.

1260.—*H.* Carte contenant 36 objets relatifs aux mesures et monnaies chinoises. — 1.

1261.—*N. R.* Collection d'articles de petite coutellerie chinoise.

1261 *bis*.—*H.* Album contenant 585 dessins au trait, objets de quincaillerie.

1261 *ter*.—*N. R.* Modèle de soufflet employé dans les forges et les fours d'émailleurs en Chine.

COLLECTION D'OBJETS D'ART ET DE CURIOSITÉ EN MATIÈRES DIVERSES.

1262.—Tableau sur porcelaine. — 1.

1263.— — en marbre avec son pied. — 1.

1264.—Pipes en racine. — 2.

1265.— — à opium en cuivre blanc. — 1.

1266.—Boussoles chinoises. — 2.

1267.—Tamis chinois. — 5.

1268.—Bateau porte-cigares en laque rouge sculpté. — 1.

1269.—Porte-cigares divers. — 5.

1270.—Tabatières, 4 chinoises, dont 2 en verre, et 2 cochinchinoises en laque du Japon. — 6.

1271.—Poêlons et pot-à-beurre en terre du Japon. — 3.

1272.—Pots contenant de l'encre grasse de Chine. — 3.

1273.—Tasses incrustées de laque. — 2.

1274.—Tasse de porcelaine nattée en bambou. — 1.

1275.—Bouteille nattée en bambou. — 1.

1276.—Bombonnières du Japon en laque. — 4.

1277.—Tasse avec son couvercle en laque du Japon. — 1.

1278.—Vide-poches avec couvercle en laque rouge. — 1.

1279.—Plateaux en laque rouge. — 4.

1280.—Nécessaire de dame en laque du Japon. — 1.

1281.—Vide-poches en laque du Japon. — 2.

1282.—Tasses en laque du Japon. — 2.

1283.—Boîtes à thé en laque du Japon avec décors. — 3.

N[os] d'ordre.

1284.—Sandales du Japon. — 2.

1285.—Cristal de roche, échantillon sur pied en bois sculpté. — 1.

1286.—Couverts en cuivre blanc. — 2.

1287.—Cuillers à café et à sucre. — 2

1288.—Cuiller en coco de Cochinchine. — 1.

1289.—Roulette en cristal de roche. — 1.

1290.—Jouets en porcelaine du Japon. — 10.

1291.—Pupitre-boîte chinois en érable, grand modèle. — 1.

1292.—Pipe et porte-cigares javanais. — 1.

1293.—Boîtes de fleurs artificielles. — 3.

1294.—Feuilles de cuivre servant à faire les paillons. — 5.

1295.—Bracelets odoriférans. — 4.

1296.—Talisman odoriférant. — 1.

1297.—Colliers odoriférans. — 2.

1298.—Sachets — — 2.

1299.—Statuettes de *Sou-tchou*, diverses grandeurs. — 18.

1300.—Piédestaux divers en buis sculpté. — 13.

1301.—Allumettes odoriférantes, 1 boîte et 1 paquet. — 2.

1302.—Baguettes à manger, 1 paquet. — 1.

1303.— — en bambou. — 1.

1304.—Jeu de tam-tam. — 1.

1305.—*H.* Jeu d'échecs et de tric-trac chinois en ivoire (pièces). — 37.

1306.—Echantillon de galons d'argent et d'or. — 1.

1307.— — de filets et frisures en argent et or. — 1.

1308.— — de boutons. — 1.

1309.—Collection de médailles, chapelets et amulettes recherchés aux Philippines.

1310.—Fusées chinoises brûlant dans l'eau. — 36.

1311.—Boîte de feux d'artifice. — 1.

1312.—Collection d'instrumens à raccommoder le verre.

1313.—Sandales chinoises en paille. — 2.

Nos d'ordre.

1314.—Eponges des mers de Chine (1 paquet). — 7.

1315.—Gong. — 1.

1316.—Parapluies chinois. — 2.

1316 *bis*.—*H.* et *N. R.* Parapluies chinois en papier huilé, monture bambou, faits dans les provinces de Hou-kouang. — 8.

1317.—Ombrelles japonaises. — 2.

1318.—Presse-papiers en marbre blanc avec peintures. — 5.

1319.—Porte-allumettes odoriférantes en laque décoré or. — 1.

1320.—Couteau chinois, manche écaille, s'ouvrant à vis. — 1.

1321.—Glace métallique, grande, sans pied. — 1.

1322.— — moyenne, id. — 1.

1323.— — — avec pied. — 1.

1324.—Glace chinoise pour les voyages. — 1.

1325.—Petits miroirs métalliques, ornement or vert. — 2.

1326.—Chapeau de Manille ordinaire — 1.

1327.— id. fin. — 1.

1328.—Oiseau de paradis de la terre des Papous (Nouvelle-Guinée). — 1.

1329.—Pélerine d'enfans en plumes de diverses couleurs. — 1.

1330.—Petit pied de dame chinoise en plâtre. — 1.

1331.—Oreillers en rotin tissé. — 2.

1332.—Tapis d'hôtel en drap brodé d'or. — 1.

1333.—Echantillons de galons de voitures pour Java et les Philippines. — 1.

1334.—Echantillons de gazes et de papiers pour fabriquer les lanternes. — 1.

1335.—Maison javanaise. — 1.

1336.—Persiennes de Nankin. — 4.

1337.— id. grand modèle. — 4.

1338.—Groupe de Malais, d'Indiens et de Chinois daguerréotypés. — 1.

1339.—Bambou porte-pinceau sculpté riche. — 1.

1340.—Divinité chinoise en bois sculpté et doré. — 1.

1341.—Petits animaux du Japon. — 7.

1342.—Porte-montres chamarrés or et argent. — 2.

Nos d'ordre.

1343.—Bourses et sacs chamarrés or et argent et brodés.—4.

1344.—Sacs de dames brodés en points frisés.—2.

1345.—Broderies au point frisé, application sur papier.—2.

1346.—Bouquets de fleurs pour parure.—2.

1347.—Mouchoirs en pina (fil d'ananas) brodés.—4.

1348.—Tablier en satin brodé riche.—1.

1349.—Mouchoir de soie broché d'or.—1.

1350.—Sujets en soie, satin et crêpe.—10.

1351.—Presse-papiers en mâchelière d'éléphant.—2.

1352.—Chaise en rotin.—1.

1353.—Dessus de chaise natté en jonc.—1.

1354.—Nattes diverses en jonc, natte en jonc de Bornéo.—4.

1355.—Pinceaux en martre.—28.

1356.—Peignes à retaper en buis, à l'usage des Chinois.—6.

1357.— Id. en buffle.—3.

1358.—*H.* Peignes de dimensions diverses.—10.

1359.—Boutons en plumes d'oiseau et pierrerie fausse.—4.

1360.—Boutons de grande dimension en *encre de Chine*.—2.

1361.—Garnitures de boutons de différens modèles.—12.

1362.—Paillettes pour habillemens (Paquets de).—19.

1363.—Boules pour bonnets chinois.—9.

1364.—Garniture de console composée d'un miroir métallique sur pied en bois sculpté et de deux cloches antiques avec montans en bois sculpté.

1365.—Cloches chinoises dont une avec caractères.—2.

1366.—Sonnettes moyennes, en bronze antique.—2.

1367.—Sonnette en cuivre blanc.—1.

1368.—Bougeoir, mouchettes et éteignoir en cuivre blanc.—3.

1369.—Tamis à vermillon.—1.

1370.—Crachoir.—1.

1371.—Fontaine à thé.—1.

1372.—Compteur chinois (swan-pan).—1.

N°s d'ordre.

1373.—Balance chinoise.—1.

1374.—Grandes *statuettes en terre*, mandarins et dames chinoises.—4.

1375. — hommes et femmes du peuple.—4.

1376.—Fauteuil en bambou, à tiroir et dossier mobile.—1.

1377.—Malle en peau de cochon.—1.

1378. — rouge d'Amoy.—1.

1379.—Lanternes en soie.—4.

1380. — ployantes, portatives.—2.

1381.—Boîte à thé d'Amoy.—1.

1382.—Boîtes pour échantillons de thés de Canton.—12.

1383.—Boîte riche à thé de Canton.—1.

1384.—Boîte à ouvrage.—1.

1385.—Boîte renfermant des bijoux chinois en verre.—1.

1386.—Boîte en gomme Gettania.—1.

1387.—Autres échantillons (ceintures, lacets, etc.) de la même substance.—1.

1388.—Boîte à cigares en laque de Chine.—1.

1389.—Boîte de travail en laque du Japon.—1.

1390.—Boîtes de coquillages de Chine.—2.

1391.—Boîte en paille du Japon, à trois compartimens.—1.

1392.—Boîte de couleurs pour peindre sur moelle.—1.

1393.—*N. R.* Étuis en imitation de corne, avec garniture de cuivre blanc, contenant le couteau et les deux bâtonnets en ivoire, de Canton.

1394.—*N. R.* Étui en bambou gravé, de Chang-haï.

1395.—*N. R.* Étui en bois garni de cuivre blanc et jaune, contenant le couteau, 3 bâtonnets et deux cure-dents en ivoire, acheté à Ning-po.

1396.—Encriers chinois et japonais.—2.

1397.—Paquets d'encres de Chine diverses.—23.

1398.—Bâtons d'encre de Chine.—6.

1399.—Gros bâton d'encre de Chine employée pour peindre les enseignes.—1.

HUILES ESSENTIELLES.

Nos d'ordre.

1400.—Collection d'huiles essentielles.—8 flacons.

1401.—Huiles pour la toilette.—8 flacons.

FIGURINES ET OBJETS EN STÉATITE, PAGODITE, ETC.

1402.—Échantillon de cachets divers.—9.

1403.—Statuettes de divinités chinoises et diverses.—26.

1404.—Groupe de 3 lions, pour ornement d'étagère.—1.

1405. — 3 chevaux.—3.

1406. — 3 paysages.—3.

1407. — lions.—3.

1408. — singe et lion.—2.

1409.—Petites tasses en pagodite.—4.

OBJETS D'ART EN BAMBOU.

1410.—Statuette, buffle avec enfans, pied en bois sculpté.—1.

1411. Id. diverses.—12.

1412.—Tableaux sculptés avec pied.—2.

1413.—Statuettes, buffles, enfant et Confucius.—3.

1414.—Divinité en bois sculpté.—1.

1415.—Bambous porte-pinceaux.—16.

1416.—Statuettes petites en bambou.—6.

1417.—Boîtes à cigales.—2.

1418.—Lunettes avec étuis.—8.

1419.—Chiens en racines de bambou.—2.

1420.—Plaques porte-pinceaux dont un sculpté.—7.

1421.—Tabatières.—6.

1422.—Panier du Japon.—1.

1423.—*H.* Nattes en bambou et paille de riz.—3.

1424.—*H.* Boîtes de bambou.—4.

1425.—*H.* Pantoufles de bambou.—1 paire.

Nos d'ordre.

1426.—*N. R.* Serre-papiers et porte-pinceaux en bambou sculpté.—6.

MATIÈRES ANIMALES BRUTES OU OUVRÉES.

1427.—Cornes de bœuf du cap de Bonne-Espérance.—2.

1428. Id. de rhinocéros sur pied sculpté à jour.—2.

1429.—Échantillon de dent d'éléphant contenant une balle recouverte par l'ivoire.—1.

1430.—Bois de cerfs de Ceylan et de Java.—5 paires.

1431.—Peaux de martin-pêcheur pour la bijouterie.—2.

1432.—Nids d'hirondelles salanganes (*hirundo esculenta*).—3.

1433.—Aileron de requin.—1.

1434.—Coquilles sculptées.—2.

1435.—Collection de madrépores de la Malaisie.—1.

ENTOMOLOGIE : PRÉPARATIONS DE NATURALISTE, ETC.

1436.—Cadres de papillons de Chine.—2.

1437. Id. poissons, insectes et crustacées.—5.

1438.—Groupe de singes de Cochinchine.

1439.—Jaguar du cap de Bonne-Espérance.

1440.—Fruits de Chine, moulés en cire, sur nature.

1441.—Pieds de femmes chinoises à petits pieds, moulés en cire, sur nature, à Canton (1).

MÉDICAMENS ET DROGUERIES.

1442.—Echantillon de drogueries chinoises.

1443.—Un paquet de médicamens divers.

1444.—*N. R.* Collection des articles de retour de la Chine et de la Malaisie (camphre, galanga, alun, curcuma, indigo, etc.).

MATIÈRES VÉGÉTALES DIVERSES, CONSERVES, ETC.

1445.—Gommes et résines.

1446.—Gambier.

(1) Ces 4 derniers articles, rapportés par M. Renard, délégué du commerce de Paris, ont été préparés par les soins de M. Fessart, naturaliste et modeleur en cire.

Nos d'ordre.

1447.—Gomme laque.

1448.—Colle forte chinoise.

1449.—Sucre de Canton ; échantillons.—5 (1).

1450.—Cire d'arbre ; échantillons.—2.

1451.—Cire d'abeilles ; paquets.—2.

1452.—Bois de Chine et des Philippines ; échantillons.—33.

1453. Id. de sandal.—1.

1454.—Pots de fruits secs, gingembre.—1.

1455. Id. Id. jujubes de Nanking.—1.

1456. Id. de confitures assorties.—2.

1457. Id. de graines de fleurs diverses.—13.

1458.—*Sakki* du Japon (eau-de-vie) en cruchon de porcelaine.—1 (2).

1459.—Cigares de Manille (collection (3)).

1460.—Huiles à manger et à brûler (4).—6 flacons.

1460 (*bis*). H. Modèle de machine pour l'irrigation des rizières.

(1 à 4) Voir en outre le chapitre spécial, Ve partie.

V.

VINS ET EAUX DE VIE, HUILES, TABACS, SUCRES.

Délégué, M. N. RONDOT.

LIQUEURS ALCOOLIQUES CHINOISES.

Nota. — Ces liqueurs sont les produits de la fermentation et de la distillation de grains, riz, millet, *holcus sorghum*, etc. On y fait infuser tantôt des fruits, tantôt des aromates, qui en font varier la qualité, la saveur et le bouquet.

SAM-CHOUS CONSOMMÉS A CANTON.

1461.—Chut-li-tchao ou sué-li-tsiou, sâm-chou, dans lequel ont été infusées des poires du Chân-tong.

Prix du picul (60 kilog. 50) : 4 taëls 8 maces (1).

1462.—Léou-poun tchao ou liao-pân tsiou, sam-chou de riz fait à Canton.

Prix de la jarre de 24 catties : 6 maces 1 candarïn.

1463.—Fân-tchao, ou Fân-tsiou, sam-chou fait dans le Fan-tchou-fou, province de Shan-si.

Prix du picul : 9 maces 4 candarïns.

1464.—Tcho-tchiou tchao ou Tsào-tchao tsiou, sam-chou concentré.

Prix du picul : 4 taëls.

1465.—Kok-kon tchao ou Koh-kon tsiou, sam-chou très-estimé.

Prix du picul : 12 taëls.

(1) Le taë. = 7 fr. 63 c.
Le mace = 0 76.3
Le candarïn = 0 07.63

N°s d'ordre.

1466.—Hong-ka-pi tchao ou ou-tcha-pi tsiou, sam-chou dans lequel on a fait infuser l'écorce de l'arbre *ou-tcha-pi*.

Prix du picul : 9 taëls.

1467.—Mok-koua tchao ou mou-qua tsiou, sam-chou dans lequel on a fait infuser le fruit du papayer.

Prix du picul : 4 taëls 8 maces.

1468.—Tchéou-tseng tchao ou chong-tchén tsiou, sam-chou distillé deux fois.

Prix de la jarre de 24 catties : 8 maces 5 candarins.

1469.—Ko-leuong tchao ou kao-liang tsiou, sam-chou fait dans la province de Shân-si avec le millet *Kao-liang*.

Prix du picul : 6 taëls 8 maces.

1470.—Si-fan tchao ou si-fan tsiou.

Prix de la jarre de 24 catties : 4 maces.

POUR LA CONSOMMATION DE TÏNG-HAÏ (ILE DE TCHOU-SAN), FABRIQUÉS DANS LES ENVIRONS DE LA VILLE.

1471.—Tchou-hié tsïn.

1472.—Khio-houa tchao, sam-chou dans lequel on a fait infuser les fleurs *khio*.

1473.—Pè-tchao fait à Siao-chïng fou (Tché-kiang) avec le riz *mi-ma*.

Prix de la jarre de 10 catties : 5 maces.

1474.—Hong tsiou.

1475.—Ha-nghi tchao.

1476.—Kao-liang tchao.

Prix de la jarre de 10 catties : 12 maces.

POUR LA CONSOMMATION DE NÏNG-PO ET DE TCHÏN-HAÏ, PROVINCE DE TCHÉ-KIANG.

1477.—Kao-liang tsiou.

Prix de la jarre de 10 catties : 12 maces.

1478.—Fou-qua tsiou.

Prix de la jarre de 10 catties : 9 maces.

1479.—Siao-chïng tsiou.

Prix de la jarre de 10 catties : 2 maces 20 cashs.

1480.—Kok-kong tsiou.

Prix de la jarre de 10 catties : 9 maces.

1481.—Louk-tao tsiou.

Prix de la jarre de 10 catties : 5 maces.

Nos d'ordre.

1481 *bis*.—Mou-qua tsiou.

Prix de la jarre de 10 catties : 6 maces.

1482.—Pa tsiou.

Prix de la jarre de 10 catties : 5 maces.

1483.—Sam-chous pour la consommation du Kwang-tong. Diverses qualités plus ou moins fortes de l'*ou-tcha-pi tsiou*, fait à *Tïn-tcheun-*, province de *Tchih-li*, avec des grains et de l'écorce d'arbre. C'est un sam-chou estimé qui ne se boit guère qu'au nouvel an et dans les fêtes de famille :

Il coûte 2 maces 8 candarins la jarre.

LIQUEUR ALCOOLIQUE JAPONAISE.

1484.—Sakki, eau-de-vie obtenue par la distillation du riz fermenté, fabriquée à Nangasaki.—6 cruchons achetés à Batavia.

VINS ET LIQUEURS DE VENTE COURANTE EN CHINE.

1485.—Cherry-brandy. Eau-de-vie de cerises, liqueur danoise, ordinairement faite à Copenhague. Les échantillons proviennent de Dantzig. Cette qualité, un peu moins estimée, est tout aussi bonne. —3 Flacons achetés à Canton.

Le prix du cherry-brandy est très-variable ; la moyenne de la caisse de 12 flacons est de 6 piastres, le minimum de 4 piastres, le maximum de 10.

1486.—Vin de champagne fabriqué par M. *Henri Cloete*, à Sillery-Constantia, cap de Bonne-Espérance (3 bouteilles envoyées à la chambre de commerce de Reims par le Délégué).

1487.—Vin de champagne de Reims, grand mousseux, embarqué en février 1844, extrait de la collection de vins de la chambre de commerce de Reims.—2 bouteilles.

HUILES.

HUILES GRASSES FABRIQUÉES A CANTON.

1488.—Tcha-tcheng-yau. Employée par les femmes chinoises pour entretenir leur chevelure.

Prix du picul : 7 taëls 5 maces.

1489.—Tcha-yau. Huile alimentaire.

Prix du picul : 4 taëls 5 maces.

1490.—Tseng-yau. (Huile d'arachides) alimentaire. Elle vient de Tsong-fa-hièn, province de Kwang-tong.

Prix du picul : 4 taëls 3 maces.

Nos d'ordre.

1491.—Tong-yau. (Huile de jatropha) employée en peinture et pour les vernis.

Prix du picul : 3 taëls 3 maces.

1492.—Chi-ma-yau. (Huile de sésame) alimentaire.

Prix du picul : 5 taëls.

1493.—Tsoï-yau. Employée pour l'éclairage.

Prix du picul : 4 taëls 1 mace.

1494.—Pi-ma-yau. (Huile de ricin) alimentaire, fabriquée à Ting-haï (Tchou-sân).

Prix du catty : 2 maces 4 candarins.

1495.—Tchïn-yau

Prix du catty en détail : 56 cashs.

1496.—Tcheïe-yau.

Prix du catty en détail : 68 cashs.

1497.—Tong-yau.

Prix du catty en détail : 68 cashs.

TABACS DE CHINE.

I. — TABACS EN FEUILLES.

1° ACHETÉS A CANTON.

1498.—Tabac brut de la province de *Hou-pèh.*—

Prix : de 110 à 137 fr. les 60 kilogr. 1/2.

1499.—Tabac brut du *Nâm-hon-fou*, province de *Kwang-tong.*

Prix de 55 à 78 fr. les 60 kilogr. 1/2, la qualité ordinaire. Le premier choix se paie quelquefois 110 fr., et les sortes pour l'exportation valent ordinairement de 48 à 55 fr. les 60 kilogr. 1/2.

1500.—Tabac brut du *Sïn-houé-hièn*, province de *Kwang-tong.*

Prix : 80 à 85 fr. les 60 kilogr. 1/2.

1501.—Tabac brut de *Lān-tchaou*, province de *Tchê-kiang.*

Prix :

2° ACHETÉ A TING-HAÏ (TCHOU-SAN).

1502.—Tabac brut de *Sïng-tchong*, province de *Tchê-kiang.*

Prix : 50 fr. environ les 60 kilogr. 1/2.

II. — Tabacs préparés,

destinés a être fumés dans les pipes longues a petit fourneau.

1° achetés a Canton.

Nos d'ordre.

1503. — *Chéong-tching.*
Prix : 105 fr. les 60 kilogr. 1/2.

1504. — *Yu-su.*
Prix : 185 fr. les 60 kilogr. 1/2.

1505. — *Chang-yïn*, du *Nam-hon-fou.*
Prix : 120 fr. les 60 kilogr. 1/2. La deuxième qualité, 66 fr.

1506. — *Tïng-tchïng.*
Prix : 105 fr. les 60 kilogr. 1/2.

1507. — *Ting-souk.*
Prix : 120 fr. les 60 kilogr. 1/2.

1508. — *Tchïng-su.*
Prix : 95 fr. les 60 kilogr. 1/2.

1509. — *Hong-yïn*, du *Nam-hon-fou.*
Prix : 120 fr. les 60 kilogr. 1/2.

1510. — *Chouk-yïn*, du *Sïn-houé-hièn.*
Prix : 165 fr. les 60 kilogr. 1/2.

1511. — *Yu-si-koun*, du *Sïn-houé-hièn.*
Prix : 105 fr. les 60 kilogr. 1/2 la qualité ordinaire.

1512. — *Téou-si-yïn*, du *Fo-kièn.*
Prix : 300 fr. les 60 kilogr. 1/2.

2° achetés a Tïng-haï (Tchou-san).

1513. — *Chán-chān-kïn-tsiou*, de *Sing-tchong*, province de *Tché-kiang.*
Prix : 1 mace (1) 28 cashs le catty.

1 5. — *Lao-tsiou*, de *Fokié*, *Mïng-sang.*
Prix : 2 maces 8 cashs le catty.

1515. — *Tsou-hu-tsiou*, de *Sïng-tchong*, *Tché-kiang.*
Prix : 1 mace 76 cashs le catty.

1516. — *Si-hu-tchi*, de *Sing-tchong*, *Tché-kiang.*
Prix : 1 mace 12 cashs le catty.

---

(1) Le mace de 100 cashs de monnaie de cuivre vaut, à *Tchou-san*, environ 43 centimes.

N^os d'ordre.

1517.—*Tsou-chân-kïn-tsiou* de *Sïng-tchong*, *Tché-kiang*.

Prix : 1 mace 12 cashs le catty.

1518.—*Lao-kïn-tsiou*, de *Sïng tchong*, *Tché-kiang*.

Prix : 1 mace 12 cashs le catty.

1519.—*Tsou-hang-tchi*, de *Sïng-tchong*, *Tché-kiang*.

Prix : 1 mace 44 cashs le catty.

1520.—*Tsou-tchi*, de *Sïng-tchong*, *Tché-kiang*.

Prix : 0 mace 80 cashs.

1521.—*Houân tchi*, de *Kwân-fong*, *Sou-tchou-fou*, *Koné Sang*.

Prix : 2 maces 8 cashs le catty.

1522.—*Hu tchi*, de *Sïng tchong*.

Prix : 0 mace 96 cashs le catty.

1523.—*Ha-fou*, de *Fo-kié*, *Mïng Sang*.

Prix : 2 maces 56 cashs le catty.

1524.—*Tsou-kïn-tsiou*, de *Sïng-tchong*.

Prix : 1 mace 12 cashs le catty.

1525.—*Chân-kïn tsiou*, de *Sïng-tchong*.

Prix : 1 mace 28 cashs le catty.

1526.—*Pè-Ss'* ou *Pè-pièn*, de *Sïng-tchong*.

Prix : 0 mace 80 cashs le catty.

1527.—*Si-hu-tsiou*, de *Sïng-tchong*.

Prix : 1 mace 76 cashs le catty.

1528.—*Tsou-hutchi*, de *Sïng-tchong*.

Prix : 1 mace 12 cashs le catty.

1529.—*Hu-kïn-tsiou*, de *Sïng-tchong*.

Prix : 1 mace 12 cashs le catty.

1530.—*Hong-tchi*, de *Sïng-tchong*.

Prix : 2 maces 8 cashs le catty.

1531.—*Kïn-tchi*, de *Sïng-tchong*.

Prix : 2 maces 8 cashs le catty.

1532.—*Tsou-pè-tchi*, de *Sïng-tchong*.

Prix : 1 mace 76 cashs le catty.

1533.—*Si-pè-tchi*, de *Sïng-tchong*.

Prix : 1 mace 76 cashs le catty.

1534.—*Hang-tchi*, de *Sïng-tchong*.

Prix : 1 mace 44 cashs le catty.

3° ACHETÉS A CHANG-HAÏ (KIANG-SOU).

Nos d'ordre.

1535.—*Kiém-Tiënn*, du *Kiang-si*.
Prix : 1 mace 60 cashs le catty.

1536.—*Pat-seun*, du *Kiang-si*.
Prix : 1 mace 60 cashs le catty.

III. — TABACS PRÉPARÉS,

DESTINÉS A ÊTRE FUMÉS DANS LES PIPES A EAU, CHOUÏ-YÏN.

1° ACHETÉ A CANTON.

1537.—*Choè-yïn*, du *Sïn-houé-hièn* et de *Nam-hon-fou* (*Kwang-tong*).
Prix : 165 fr. les 60 kilogr. 1/2.

2° ACHETÉ A TÏNG-HAÏ.

1538.—*Si-hié*, de *Hennkeu* (*Hou-kwang*).
Prix : 2 maces 56 cashs le catty.

3° ACHETÉ A CHANG-HAÏ.

1539.—*Ss'-hiénn*, du *Lan-tchou-fou* (*Shénn-si*).
Prix : 14 piastres 1/2, 80 fr. la caisse de 120 catties, et 1 mace 60 cashs le catty au détail.

4° SUBSTANCES VÉGÉTALES EMPLOYÉES A TÏNG-HAÏ POUR COLORER LES TABACS PRÉPARÉS.

1540.—*Kiän-hwong*.
1541.—*Tss'-fän*.
1542.—*Hè-fän*.
1543.—*Si hon*.

SUCRES DE CHINE.

1544.—Echantillons de sucre candi *Pïng-tang* :

Le *Tsiouén-tchou* blanc vaut à Canton de 9 à 10 piastres le picul ; à Amoy, de 7 à 7 1/2 piastres.

Le *Tsiouén-tchou* paille vaut à Canton de 7 à 8 piastres 1/2 le picul.

Le Canton paille vaut à Canton de 7 1/4 à 8 piastres le picul.

Le Canton roux clair vaut à Canton de 7 à 7 piastres 50 cents le picul.

Nos d'ordre

1545. —Échantillons de sucres bruts et terrés (*pih-tang, hwong-tang, kip-tang*, etc.) :

Le beau blond vaut à Canton environ 6 piastres le picul ; à Amoy, 5 piastres 30 cents.

Le beau jaune vaut à Canton environ 5 piastres 40 cents le picul à Amoy, 4 piastres 60 cents.

Le 2e jaune vaut à Canton environ 4 piastres 75 cents le picul ; à Amoy, 4 piastres 40 cents.

Le brun vaut à Canton environ 3 piastres 25 cents le picul ; à Amoy, 2 piastres 80 cents.

ALBUMS SPÉCIAUX A LA CINQUIÈME DIVISION.

1546. —Album de 12 aquarelles, représentant la préparation du riz et du ferment, et la distillation du *sam-chou*, eau-de-vie chinoise, peintes par un peintre de Tïng-haï.

Ces intérieurs d'ateliers ont été dessinés d'après nature dans une distillerie à *Tchou-sân*.

1547. —Deux albums, chacun de 12 dessins au trait, représentant les procédés de la distillerie chinoise, suivis à *Fah-ti*, près Canton, et à *Tchou-sân*.

1548. —Six dessins au trait, représentant l'extraction des huiles grasses à Chang-haï.

1549. —Quatre dessins au trait, représentant la préparation des tabacs à Canton.

1550. —Album de 12 dessins au trait, représentant l'industrie sucrière des environs de Canton

Paris, Imprimerie de Paul Dupont, Hôtel des Fermes.

BIBLIOTHEQUE NATIONALE DE FRANCE
3 7502 01274085 2

www.ingramcontent.com/pod-product-compliance
Ingram Content Group UK Ltd.
Pitfield, Milton Keynes, MK11 3LW, UK
UKHW012050240726
13965UKWH00003B/1173